SGCライブラリ-190

スペクトルグラフ理論

線形代数からの理解を目指して

吉田 悠一 著

サイエンス社

── SGC ライブラリ (The Library for Senior & Graduate Courses) ──

近年，特に大学理工系の大学院の充実はめざましいものがあります．しかしながら学部上級課程並びに大学院課程の学術的テキスト・参考書はきわめて少ないのが現状であります．本ライブラリはこれらの状況を踏まえ，広く研究者をも対象とし，**数理科学諸分野および諸分野の相互に関連する領域**から，現代的テーマやトピックスを順次とりあげ，時代の要請に応える魅力的なライブラリを構築してゆこうとするものです．装丁の色調は，

数学・応用数理・統計系（黄緑），**物理学系**（黄色），**情報科学系**（桃色），

脳科学・生命科学系（橙色），**数理工学系**（紫），**経済学等社会科学系**（水色）

と大別し，漸次各分野の今日的主要テーマの網羅・集成をはかってまいります．

「数理科学」のバックナンバーは下記の書店・生協の自然科学書売場で特別販売しております

紀伊國屋書店本店(新　　宿)
オリオン書房ノルテ店(立　　川)
くまざわ書店八王子店
書泉グランデ(神　田)
三省堂本店(神　田)
三省堂池袋本店
ジュンク堂池袋本店
丸善丸の内本店(東京駅前)
丸善日本橋店
MARUZEN 多摩センター店
ジュンク堂吉祥寺店
ブックファースト新宿店
ブックファースト中野店
ブックファースト青葉台店(横　　浜)
有隣堂伊勢佐木町本店(横　　浜)
有隣堂西口(横　　浜)
有隣堂アトレ川崎店
有隣堂厚木店
くまざわ書店橋本店
ジュンク堂盛岡店
丸善津田沼店
ジュンク堂新潟店
ジュンク堂大阪本店

紀伊國屋書店梅田店(大　　阪)
MARUZEN & ジュンク堂梅田店
ジュンク堂三宮店
ジュンク堂三宮駅前店
喜久屋書店倉敷店
MARUZEN 広島店
紀伊國屋書店福岡本店
ジュンク堂福岡店
丸善博多店
ジュンク堂鹿児島店
紀伊國屋書店新潟店
紀伊國屋書店札幌店
MARUZEN & ジュンク堂札幌店
金港堂(仙　台)
金港堂パーク店(仙　台)
ジュンク堂秋田店
ジュンク堂郡山店
鹿島ブックセンター(いわき)

──大学生協・売店──
東京大学 本郷・駒場
東京工業大学 大岡山・長津田
東京理科大学 新宿
早稲田大学 理工学部
慶応義塾大学 矢上台
福井大学
筑波大学 大学会館書籍部
埼玉大学
名古屋工業大学・愛知教育大学
大阪大学・神戸大学 ﾌﾗﾝｽ
京都大学・九州工業大学
東北大学 理薬・工学
室蘭工業大学
徳島大学 常三島
愛媛大学 城北
山形大学 小白川
島根大学
北海道大学 クラーク店
熊本大学
名古屋大学
広島大学 (北 1 店)
九州大学 (理系)

まえがき

　グラフとは，頂点の集合と，頂点の間を結ぶ枝の集合からなる組合せ的な対象であり，道路網，人間関係を表すソーシャルネットワーク，ウェブページ間の関係を表すウェブグラフなど様々な二者間の関係を表現するのに用いることができる．その汎用性からグラフを解析するための数学的な理論やアルゴリズムが多く研究されており，本書の主題であるスペクトルグラフ理論もその一つである．スペクトルグラフ理論では，グラフから行列を作り，その行列の固有値や固有ベクトルの情報を用いて元のグラフの性質を調べる．これによりグラフという組合せ的な対象を線形代数という代数的な道具を用いて考察することが可能になる．また線形代数に関しては多くのアルゴリズムが研究されており，これらの成果をグラフに対しても適用できるようになるという利点がある．

　スペクトルグラフ理論の内容は非常に広く，一冊の書籍で網羅することは不可能である．そこで本書では，スペクトルグラフ理論の数学的な側面に注目し，理論計算機科学においてよく知られている，もしくは最近得られた結果を中心に解説することにした．とは言え，スペクトルグラフ理論はネットワーク科学やデータマイニングなどの応用分野で広く使われており，理論自身もこれらの分野への応用を意識して作られている側面があるので，必要に応じて理論的な成果がどのように応用分野で使われているかについても言及することにした．計算時間の改善は理論計算機科学における大きなテーマであり，スペクトルグラフ理論で現れる問題に対する効率的なアルゴリズムの研究も数多くある．しかしアルゴリズム研究の多くは，スペクトルグラフ理論自身とは独立した話題であり，グラフと行列の関係を理解するのには本質的ではないので，本書では計算時間に関する議論は最小限にとどめている（ただし後述するラプラス方程式は例外的に取り扱うことにした）．

　本書の構成は以下のようになっている．まず1章で本書で使用する線形代数の基礎を説明したあと，2章でグラフから作られる代表的な行列である隣接行列とラプラシアン行列を定義し，その固有値や固有ベクトルから得られる簡単な性質について述べる．次に3章では全域木の個数やサンプリングがラプラシアン行列の固有値を用いて議論できることを見る．4章では，グラフと電気回路の関係について紹介する．グラフを電気回路とみなし，節点への外部電流から節点の電位を求める問題を解く際にラプラシアン行列が自然に現れることや，電気回路の基本的な概念である有効抵抗がラプラシアン行列を用いて表現できることを見る．5章ではスペクトルグラフ理論の代表的な結果であるチーガー不等式とその拡張について解説する．これはグラフにどの程度良いクラスタが存在するかは，（正規化された）ラプラシアン行列の固有値によって特徴付けられることを示す不等式である．6章ではグラフ上のランダムウォークを解説し，ランダムウォークから決まる量が有効抵抗によって導けること，また良いクラスタを見つけるのにランダムウォークを用いることができることを紹介する．5章で扱うチーガー不等式は，クラスタの良さをそのクラスタから出る枝の本数の少なさを用いて評価するが，そのクラスタに隣接している頂点数を使って評価することも考えら

れる．7章では，後者の定義を採用した場合に，どの程度良いクラスタが存在するかは最速混合問題と呼ばれる問題から決まる固有値を用いて評価できることを見る．8章では疎化と呼ばれる技術について説明する．これはグラフのカットや（電気回路的とみなしたときの）エネルギー消費量の情報を保ったまま，枝の本数を頂点数の二乗から線形にまで減らす技術である．この技術を適用することにより，カットやエネルギーに関する問題を解くアルゴリズムを自動的に高速化することができる．9章ではラプラシアン行列を用いて立式される線形連立方程式（ラプラス方程式）は，グラフのサイズに対してほぼ線形時間で解くことができることを示す．前述のように本書の主眼は計算時間ではないが，ラプラス方程式に対する高速アルゴリズムを得るために多くの成果が生まれ，スペクトルグラフ理論自身も発展してきたという歴史があるので，例外的に扱うことにした．1章から9章までで扱うスペクトルグラフ理論は枝に向きのない無向グラフを扱うためのものである．しかしネットワーク科学やデータマイニングのような応用においては，枝に向きのある有向グラフや一つの枝に多数の頂点が含まれるハイパーグラフも扱う必要がある．これらのグラフを扱うためのスペクトルグラフ理論の整備も始まっており，最近の結果の中からその一部を10章で取り上げる．

　スペクトルグラフ理論はその重要性にもかかわらず，専門的な内容を扱った和書は少ないようである．本書がその状況を少しでも改善できるのに役立てば幸いである．

2024年1月

吉田　悠一

目　次

第 1 章
線形代数の基礎

スペクトルグラフ理論はグラフから行列を作り，その固有値や固有ベクトルを用いることでグラフの性質を調べるものである．そこで本章では，前準備として，線形代数のうちスペクトルグラフ理論において必要となる内容について解説する．本書の主眼は線形代数を学ぶことではなく，グラフの解析のために線形代数を使うことであるので，よく知られた事実に関しては証明を省略する．

1.1　基本的な概念

正の整数 n に対して，集合 $[n]$ を $[n] := \{1, 2, \ldots, n\}$ と定義する．

本書で扱うベクトルは断りのない限り**列ベクトル**である．例えば n 次元ベクトル $v \in \mathbb{R}^n$ は

$$v = \begin{pmatrix} v_1 \\ v_2 \\ \vdots \\ v_n \end{pmatrix}$$

と書ける．v を**行ベクトル**として扱いたい場合は，v の**転置ベクトル**

$$v^\top := \begin{pmatrix} v_1 & v_2 & \cdots & v_n \end{pmatrix}$$

を用いる．

ベクトル $u = (u_1, u_2, \ldots, u_n)^\top, v = (v_1, v_2, \ldots, v_n)^\top \in \mathbb{R}^n$ に対して，その**内積**は

$$\langle u, v \rangle := \sum_{i=1}^{n} u_i v_i$$

と定義される．内積はベクトルの転置を用いて $u^\top v$ とも書けるので状況により使い分ける．ベクトル $u, v \in \mathbb{R}^n$ が $\langle u, v \rangle = 0$ を満たすとき u と v は**直交す**

るという．u と v が直交するとき $u \perp v$ とも書く．

ベクトル $v = (v_1, v_2, \ldots, v_n)^\top \in \mathbb{R}^n$ に対して，その ℓ_2 ノルムを $\|v\| := \sqrt{\sum_{i=1}^{n} v_i^2}$ と定義する．特に断りのない限り，ベクトルのノルムは常に ℓ_2 ノルムを指す．ノルムの二乗は内積を用いて $\|v\|^2 = v^\top v$ とも書ける．

二つの n 次元ベクトル $u, v \in \mathbb{R}^n$ を考える．任意の $i \in \{1, 2, \ldots, n\}$ に対して，$u_i \le v_i$ が成り立つとき，$u \le v$ と書く．同様に任意の i で $u_i < v_i$ が成り立つとき，$u < v$ と書く．

行列 $A \in \mathbb{R}^{n \times m}$ に対して，その**像**と**核**をそれぞれ

$$\mathrm{im}(A) := \{Ax : x \in \mathbb{R}^m\} \subseteq \mathbb{R}^n,$$
$$\ker(A) := \{x \in \mathbb{R}^m : Ax = \mathbf{0}\} \subseteq \mathbb{R}^m$$

と定義する．ここで $\mathbf{0} \in \mathbb{R}^n$ はすべての要素が 0 のベクトルである．$\mathrm{im}(A)$ の**次元**，すなわち $\mathrm{im}(A)$ の中で線形独立に取れるベクトルの個数，$\ker(A)$ は行列 A の**階数**と呼ばれる．

行列 $A \in \mathbb{R}^{n \times n}$ に対して，非ゼロベクトル $v \in \mathbb{R}^n$ が**固有ベクトル**であるとはある値 $\lambda \in \mathbb{R}$ に対して $Av = \lambda v$ が成り立つことをいう．ここで λ を v に対応する**固有値**と呼ぶ．行列 A の**スペクトル**とは A の固有値の（多重度も加味した）集合のことであり，A の様々な性質を教えてくれる．一般には固有ベクトルの要素，固有値は複素数になり得るが，本書で扱うスペクトルグラフ理論では実数になる場合しか扱わない．次節以降では，固有ベクトルや固有値の性質をより詳しく見ていく．

1.2 対称行列

行列 $A \in \mathbb{R}^{n \times n}$ に対して，その**転置行列** $A^\top \in \mathbb{R}^{n \times n}$ を，任意の $i, j \in [n]$ に対して $A_{ij}^\top = A_{ji}$ なる行列と定義する．行列 $A \in \mathbb{R}^{n \times n}$ が**対称**であるとは $A = A^\top$ が成り立つことをいう．本書で扱う多くの行列が対称行列であるので，その性質を調べることは重要である．

1.2.1 スペクトル定理

ベクトル $v_1, v_2, \ldots, v_k \in \mathbb{R}^n$ が**正規直交**であるとは，$v_1, v_2, \ldots, v_k$ のすべてのノルムが 1 であり，$v_1, v_2, \ldots, v_k$ が互いに直交することをいう．特に $k = n$ のとき，$v_1, v_2, \ldots, v_n$ は $\mathbb{R}^n$ の基底をなす（つまり任意のベクトル $v \in \mathbb{R}^n$ が $v_1, v_2, \ldots, v_n$ の線形結合で表現できる）ので**正規直交基底**と呼ばれる．よく知られた事実として，$v_1, v_2, \ldots, v_n \in \mathbb{R}^n$ が正規直交基底のとき，任意のベクトル $v \in \mathbb{R}^n$ は

$$v = \sum_{i=1}^{n} \langle v, v_i \rangle v_i$$

という形で表現することができる.

次の定理は対称行列から正規直交基底が得られることを示している.

定理 1.2.1（対称行列のスペクトル定理） $A \in \mathbb{R}^{n \times n}$ を対称行列とする. このとき A の固有ベクトルを正規直交基底となるように取ることができ，対応する固有値はすべて実数である.

対称行列 $A \in \mathbb{R}^{n \times n}$ に対して $v_1, v_2, \ldots, v_n \in \mathbb{R}^n$ を固有ベクトルからなる正規直交基底とし，対応する固有ベクトルを $\lambda_1, \lambda_2, \ldots, \lambda_n$ とする. 行列 V を $V = (v_1, v_2, \ldots, v_n)$ とし，$D \in \mathbb{R}^{n \times n}$ を対角成分を $\lambda_1, \lambda_2, \ldots, \lambda_n$ とする対角行列とする. すると $Av_i = \lambda_i v_i \ (i \in [n])$ という関係はまとめて $AV = VD$ と書ける. V の列ベクトルたちは正規直交基底をなすので $V^\top V = I$ であり，V の逆行列は $V^{-1} = V^\top$ である. よって

$$A = VDV^{-1} = VDV^\top = \sum_{i=1}^{n} \lambda_i v_i v_i^\top \tag{1.1}$$

と書ける.

ベクトル $x_1, x_2, \ldots, x_k \in \mathbb{R}^n$ の張る**部分空間**を

$$\mathrm{span}\{x_1, x_2, \ldots, x_k\} := \left\{ \sum_{i=1}^{k} \alpha_i x_i : \alpha_i \in \mathbb{R} \ (i \in [k]) \right\}$$

と定義すると，対称行列 $A \in \mathbb{R}^{n \times n}$ の像と核は

$$\mathrm{im}(A) = \mathrm{span}\{v_i : i \in [n], \lambda_i \neq 0\},$$
$$\ker(A) = \mathrm{span}\{v_i : i \in [n], \lambda_i = 0\}$$

と書ける. よって対称行列 A の階数は非ゼロの固有値の個数に等しい.

1.2.2 擬似逆行列

前小節で示した対称行列 $A \in \mathbb{R}^{n \times n}$ の表現 (1.1) を用いて，A の**擬似逆行列**を

$$A^\dagger = \sum_{i : \lambda_i \neq 0}^{n} \frac{1}{\lambda_i} v_i v_i^\top$$

と定義する. A が逆行列 A^{-1} を持つときは，逆行列 A^{-1} と擬似逆行列 $A^\dagger$ は一致する. 一般の非可逆な，すなわち逆行列を持たない，行列に対しても以下の性質が成り立つことが知られている.

- $AA^\dagger A = A$.
- $A^\dagger A A^\dagger = A^\dagger$.

- $(A^\dagger)^\dagger = A.$

1.2.3 レイリー商

対称行列 $A \in \mathbb{R}^{n \times n}$ に対して，その**レイリー商** $R : \mathbb{R}^n \to \mathbb{R}$ を

$$R(x) = \frac{x^\top A x}{x^\top x}$$

と定義する．レイリー商を用いることで，固有値・固有ベクトルの計算を最適化問題として定式化することができる．$\lambda_1 \le \lambda_2 \le \cdots \le \lambda_n$ を A の固有値とすると以下が成り立つ．

補題 1.2.2（クーラン–フィッシャーの定理） 対称行列 $A \in \mathbb{R}^{n \times n}$ について以下が成り立つ．

$$\lambda_k = \min_{x_1, x_2, \ldots, x_k: \, 正規直交} \max_{x \neq \mathbf{0}} \left\{ \frac{x^\top A x}{x^\top x} : x \in \mathrm{span}\{x_1, x_2, \ldots, x_k\} \right\}$$

$$= \max_{x_1, x_2, \ldots, x_{n-k+1}: \, 正規直交} \min_{x \neq \mathbf{0}} \left\{ \frac{x^\top A x}{x^\top x} : x \in \mathrm{span}\{x_1, x_2, \ldots, x_{n-k+1}\} \right\}.$$

1.3 半正定値対称行列

対称行列 $A \in \mathbb{R}^{n \times n}$ が**半正定値**であるとは，任意のベクトル $x \in \mathbb{R}^n$ に対して，$x^\top A x \ge 0$ が成り立つことを言い，A が半正定値であるとき $A \succeq 0$ と書く．また $A - B \succeq 0$ のとき $A \succeq B$ と書く．集合 $S \subseteq [n]$ に対して，行列 $A_S := (A_{ij})_{i,j \in S}$ を S に誘導される A の**主部分行列**とする．以下の定理にあるように半正定値対称性は様々な同値な性質が知られている．

定理 1.3.1 対称行列 $A \in \mathbb{R}^{n \times n}$ に対して，以下は互いに同値である．
- A は半正定値．
- A のすべての固有値は非負である．
- ある行列 $V \in \mathbb{R}^{n \times n}$ が存在し，$A = V^\top V$ が成り立つ．
- あるベクトル $v_1, v_2, \ldots, v_n \in \mathbb{R}^n$ が存在し，任意の $i, j \in [n]$ で $A_{ij} = \langle v_i, v_j \rangle$ が成り立つ．
- 任意の集合 $S \subseteq [n]$ に対して，S に誘導される A の主部分行列 A_S が半正定値．

行列 $A \in \mathbb{R}^{n \times n}$ が半正定値対称のとき，A の**平方根** $A^{1/2} \in \mathbb{R}^{n \times n}$ を

$$A^{1/2} := \sum_{i : \lambda_i > 0} \sqrt{\lambda_i} v_i v_i^\top$$

と定義する．実際

$$A^{1/2}A^{1/2} = \left(\sum_{i:\lambda_i>0} \sqrt{\lambda_i} v_i v_i^\top \right) \cdot \left(\sum_{i:\lambda_i>0} \sqrt{\lambda_i} v_i v_i^\top \right)$$

$$= \sum_{i:\lambda_i>0} \sum_{j:\lambda_j>0} \sqrt{\lambda_i}\sqrt{\lambda_j} v_i v_i^\top v_j v_j^\top$$

$$= \sum_{i:\lambda_i>0} \lambda_i v_i v_i^\top \qquad (\{v_1, v_2, \ldots, v_n\} \text{ は正規直交基底より})$$

$$= A$$

が成り立つので，$A^{1/2}$ は A の平方根として振る舞う．

行列 $A \in \mathbb{R}^{n \times n}$ が半正定値対称行列のとき，$x^\top A x = x^\top (A^{1/2})^\top A^{1/2} x = \|A^{1/2}x\|_2^2$ と書き直すこともできる．

1.4 射影行列

対称行列 $P \in \mathbb{R}^{n \times n}$ が $P^2 = P$ を満たすとき，P は（**直交**）**射影行列**と呼ばれる．これは任意のベクトル $x \in \mathbb{R}^n$ に対して，$P(Px) = Px$ であることを意味しており，P の列ベクトルの張る空間 $\mathrm{im}(P)$ に対して P は恒等写像として作用していることが分かる．

射影行列の性質として代表的なものに以下がある．

補題 1.4.1 射影行列の固有値はすべて 0 か 1 である．

補題 1.4.2 $P \in \mathbb{R}^{n \times n}$ を射影行列，$x \in \mathbb{R}^n$ をベクトルとする．このとき，$Px \in \mathbb{R}^n$ は，$\mathrm{im}(P)$ 上のベクトルで x に最も距離の近いものである．すなわち

$$\|Px - x\| = \min_{p \in \mathrm{im}(P)} \|p - x\|$$

が成り立つ．

また，行列 $A \in \mathbb{R}^{n \times m}$ の列ベクトルの張る空間への射影行列は，$A^\top A$ が可逆のとき，$A(A^\top A)^{-1}A^\top$ と書けることが知られている．

1.5 トレース

行列 $A \in \mathbb{R}^{n \times n}$ に対して，その**トレース** $\mathrm{tr}(A)$ を

$$\mathrm{tr}(A) := \sum_{i=1}^{n} A_{ii},$$

つまり対角成分の和と定義する．以下の固有値との関係がよく知られている．

命題 1.5.1 任意の行列 $A \in \mathbb{R}^{n \times n}$ とその固有値 $\lambda_1, \lambda_2, \ldots, \lambda_n \in \mathbb{R}$ に対し

て，$\mathrm{tr}(A) = \sum_{i=1}^{n} \lambda_i$ が成り立つ．

命題 1.5.2 任意の行列 $A \in \mathbb{R}^{n \times m}$ と $B \in \mathbb{R}^{m \times n}$ に対して $\mathrm{tr}(AB) = \mathrm{tr}(BA)$ である．

一般に $\mathrm{tr}(ABC) = \mathrm{tr}(CAB)$ であるが，$\mathrm{tr}(ABC) \neq \mathrm{tr}(ACB)$ であることに注意されたい．

1.6 行列式

集合 $[n]$ 上の関数 $\sigma : [n] \to [n]$ が置換であるとは，任意の $i \neq j$ に対して $\sigma(i) \neq \sigma(j)$ であることをいう．集合 $[n]$ 上の置換 σ が**偶置換**（および**奇置換**）であるとは，以下に定義される**転置数**

$$|\{(i,j) : 1 \leq i < j \leq n, \sigma(i) > \sigma(j)\}|$$

が偶数（および奇数）であることをいう．置換 σ の符号を

$$\mathrm{sgn}(\sigma) = \begin{cases} 1 & \sigma \text{が偶置換のとき,} \\ -1 & \sigma \text{が奇置換のとき} \end{cases}$$

と定める．行列 $A \in \mathbb{R}^{n \times n}$ に対して，その**行列式**を

$$\det(A) := \sum_{\pi : [n] \text{ 上の置換}} \mathrm{sgn}(\pi) \prod_{i=1}^{n} A_{i\pi(i)} \tag{1.2}$$

と定義する．本書では行列式の定義 (1.2) を直接用いることはほとんどなく，以下の固有値との関係が重要になってくる．

命題 1.6.1 任意の行列 $A \in \mathbb{R}^{n \times n}$ とその固有値 $\lambda_1, \lambda_2, \ldots, \lambda_n \in \mathbb{R}$ に対して，

$$\det(A) = \prod_{i=1}^{n} \lambda_i$$

が成り立つ．

命題 1.6.2 任意の正方行列 $A, B \in \mathbb{R}^{n \times n}$ に対して，

$$\det(AB) = \det(A) \det(B).$$

また任意の正方行列 $A \in \mathbb{R}^{n \times n}$ に対して，

$$\det(A) = \det(A^{\top})$$

が成り立つ．

トレースの場合と異なり行列 $A, B, C \in \mathbb{R}^{n \times n}$ に対して $\det(ABC) = \det(CAB) = \det(ACB)$ が成り立つ.

非負整数 $n \leq m$ に対して, $\binom{[m]}{n}$ を集合 $[m]$ の部分集合で大きさ n のもの全体からなる族と定義する. 以下の定理は行列式の計算に便利である.

定理 1.6.3（コーシー–ビネの公式） 非負整数 $n \leq m$ とベクトル $x_1, x_2, \ldots, x_m, y_1, y_2, \ldots, y_m \in \mathbb{R}^n$ に対して,

$$\det\left(\sum_{i=1}^{m} x_i y_i^\top\right) = \sum_{S \in \binom{[m]}{n}} \det\left(\sum_{i \in S} x_i y_i^\top\right)$$

が成り立つ.

行列 $A \in \mathbb{R}^{m \times m}$ と非負整数 $n \leq m$ に対して

$$\det_n(A) = \sum_{S \in \binom{[m]}{n}} \det(A_S)$$

と定義する. コーシー–ビネの公式は以下のように言い換えることもできる.

系 1.6.4 任意の非負整数 $n \leq m$ と行列 $A \in \mathbb{R}^{n \times m}, B \in \mathbb{R}^{m \times n}$ に対して,

$$\det(AB) = \det_n(BA)$$

が成り立つ.

証明 行列 A の列を $x_1, x_2, \ldots, x_m$, 行列 B の行を $y_1^\top, \ldots, y_m^\top$ とする. 集合 $S \subseteq [m]$ に対して, $A_{[n],S}$ を S に対応する列ベクトルを集めてできる行列, $B_{S,[n]}$ を S に対応する行ベクトルを集めてできる行列とする. コーシー–ビネの公式（定理 1.6.3）より

$$\det(AB) = \det\left(\sum_{i=1}^{m} x_i y_i^\top\right) = \sum_{S \in \binom{[m]}{n}} \det\left(\sum_{i \in S} x_i y_i^\top\right)$$

$$= \sum_{S \in \binom{[m]}{n}} \det\left(A_{[n],S} B_{S,[n]}\right)$$

$$= \sum_{S \in \binom{[m]}{n}} \det\left(B_{S,[n]} A_{[n],S}\right) = \sum_{S \in \binom{[m]}{n}} \det\left((BA)_S\right) = \det_n(BA)$$

が成り立つ. $\qquad\square$

また行列式は幾何的な意味も持つ. ベクトル $x_1, x_2, \ldots, x_m \in \mathbb{R}^n$ がなす（m 次元）平行体とは, これらのベクトルと $\mathbf{0}$ の凸結合で表現できる点全体, すなわち

$$\{\alpha_1 x_1 + \alpha_2 x_2 + \cdots + \alpha_m x_m : \alpha_i \in [0,1]\}$$

である．このとき以下が成り立つ.

定理 1.6.5 $m \le n$ を正整数とする．$x_1, x_2, \ldots, x_m \in \mathbb{R}^n$ が定義する m 次元平行体の（m 次元）体積は，$A = (x_1, x_2, \ldots, x_m) \in \mathbb{R}^{n \times m}$ としたとき，$\sqrt{\det(A^\top A)}$ に等しい.

辺の長さが固定されているとき，m 次元平行体の体積が最大になるのは超直方体のときである．よって，この定理から以下の行列式の評価が得られる.

系 1.6.6 任意の行列 $A = (x_1, x_2, \ldots, x_m) \in \mathbb{R}^{n \times m}$ に対して，

$$\det(A^\top A) \le \prod_{i=1}^m \|x_i\|^2$$

が成り立つ.

1.7 固有多項式

行列 $A \in \mathbb{R}^{n \times n}$ の**固有多項式** $\chi_A : \mathbb{R} \to \mathbb{R}$ は以下のように定義される多項式である.

$$\chi_A(t) = \det(tI - A).$$

固有多項式の t に関する次数は高々 n である．その名の通り固有多項式の解は A の固有値となることが知られている．実際 λ が A の固有値であれば，$\lambda I - A$ は非可逆であり，$\det(\lambda I - A) = 0$ となる．よって A の固有値 $\lambda_1, \lambda_2, \ldots, \lambda_n$ を使って

$$\chi_A(t) = \prod_{i=1}^n (t - \lambda_i) = \sum_{k=0}^n t^{n-k} (-1)^k \sum_{S \in \binom{[n]}{k}} \prod_{i \in S} \lambda_i$$

と書くことができる.

$\det(tI - A)$ を行列式の定義に従って展開すると，固有多項式における t^{n-k} の係数が $(-1)^k \det_k(A)$ であることが簡単に分かる．よって

$$\det_k(A) = \sum_{S \in \binom{[n]}{k}} \prod_{i \in S} \lambda_i$$

となり，固有多項式も

$$\chi_A(t) = \sum_{k=0}^n t^{n-k} (-1)^k \det_k(A)$$

と書ける.

1.8 ベクトル集合の等方性

本節では以下に定義されるベクトル集合の等方性を考える.

定義 1.8.1 ベクトルの集合 $y_1, y_2, \ldots, y_m \in \mathbb{R}^n$ が**等方的**な位置にあるとは, 任意の単位ベクトル $x \in \mathbb{R}^n$ に対して,

$$\sum_{i=1}^{m} \langle x, y_i \rangle^2 = 1$$

が成り立つことをいう.

これはどの方向 x に $y_1, y_2, \ldots, y_m$ を射影しても, その二次モーメントが一定であることを意味する. 上の式は

$$\sum_{i=1}^{m} \langle x, y_i \rangle^2 = x^\top \left(\sum_{i=1}^{m} y_i y_i^\top \right) x = 1$$

と書くこともできるので, $\sum_{i=1}^{m} y_i y_i^\top = I$ と同値である(特に $m \geq n$ である).

任意に与えられたベクトル集合 $b_1, b_2, \ldots, b_m \in \mathbb{R}^n$ を等方的にする自然な線形変換がある. 具体的には, 行列

$$B = \sum_{i=1}^{m} b_i b_i^\top$$

に対して, ベクトル $y_i \in \mathbb{R}^n$ $(i \in [m])$ を $y_i = B^{\dagger/2} b_i$ と定義する. すると,

$$\sum_{i=1}^{m} y_i y_i^\top = \sum_{i=1}^{m} B^{\dagger/2} b_i b_i^\top B^{\dagger/2} = B^{\dagger/2} \left(\sum_{i=1}^{m} b_i b_i^\top \right) B^{\dagger/2} = B^{\dagger/2} B B^{\dagger/2}$$

となる. 行列 B は対称行列であるので, $\lambda_1, \lambda_2, \ldots, \lambda_n \in \mathbb{R}$ と, 正規直交基底 $v_1, v_2, \ldots, v_n \in \mathbb{R}^n$ が存在し, $B = \sum_{i=1}^{n} \lambda_i v_i v_i^\top$ と分解できる. すると

$$\sum_{i=1}^{m} y_i y_i^\top = \left(\sum_{i \in [n]: \lambda_i \neq 0} \frac{1}{\sqrt{\lambda_i}} v_i v_i^\top \right) \left(\sum_{i=1}^{n} \lambda_i v_i v_i^\top \right) \left(\sum_{i \in [n]: \lambda_i \neq 0} \frac{1}{\sqrt{\lambda_i}} v_i v_i^\top \right)$$

$$= \sum_{i \in [n]: \lambda_i \neq 0} v_i v_i^\top$$

となり, $\sum_{i=1}^{m} y_i y_i^\top$ は $b_1, b_2, \ldots, b_m$ の張る空間において恒等写像として振る舞うことが分かる. 特に $b_1, b_2, \ldots, b_m$ が $\mathbb{R}^n$ の基底となっている場合は, $\sum_{i=1}^{m} y_i y_i^\top = I$ となり, $y_1, y_2, \ldots, y_m$ は等方的である.

1.9 シューア補行列

実数上の行列 A, B, C, D があり, それぞれ大きさが $p \times p, p \times q, q \times p, q \times q$ であるとする. 次にブロック行列

$$M := \begin{pmatrix} A & B \\ C & D \end{pmatrix} \in \mathbb{R}^{(p+q)\times(p+q)}$$

を考える．D が可逆であるとき，M の D に関する**シューア補行列**は

$$M/D := A - BD^{-1}C$$

で定義される $p \times p$ 行列である．

シューア補行列が自然に現れる例として，線形連立方程式の求解がある．ベクトル $x, a \in \mathbb{R}^p$ と $y, b \in \mathbb{R}^q$ に対して，線形連立方程式

$$\begin{pmatrix} A & B \\ C & D \end{pmatrix} \begin{pmatrix} x \\ y \end{pmatrix} = \begin{pmatrix} a \\ b \end{pmatrix}$$

を考える．D が可逆であるとして，下側の等式に BD^{-1} をかけて上の式から引くと

$$\begin{pmatrix} A - BD^{-1}C & O \\ C & D \end{pmatrix} \begin{pmatrix} x \\ y \end{pmatrix} = \begin{pmatrix} a - BD^{-1}b \\ b \end{pmatrix}$$

が得られる．ここで O はすべての要素が 0 の行列である．よってシューア補行列 $A - BD^{-1}C$ が可逆ならば，まず x について解き，それを用いて y も計算できる．これにより，元々大きさ $(p+q) \times (p+q)$ の行列の逆行列を計算する問題が，大きさ $p \times p$ と $q \times q$ の二つの行列の逆行列を計算することに帰着される．

以下の補題は，シューア補行列を大きなブロックに対して適用したものと，ブロック内の小さなブロックに対して繰り返し適用したものとが等しくなることを示している．

補題 1.9.1

$$K = \begin{pmatrix} A & B & E \\ C & D & F \\ G & H & L \end{pmatrix}, \quad M = \begin{pmatrix} A & B \\ C & D \end{pmatrix}$$

とする．このとき

$$(K/M) = ((K/A)/(M/A))$$

が成り立つ．

また以下の行列式に関する事実も有用である．

補題 1.9.2 ブロック行列

$$M := \begin{pmatrix} A & B \\ C & D \end{pmatrix}$$

に対して，

$$\det M = \det D \cdot \det(M/D)$$

が成り立つ．

出典および関連する話題

　本章で述べた内容はどれも線形代数の基礎的な話題である．省略した証明や，線形代数のより高度な内容については，本シリーズの別巻である [145], [146] などを参照されたい．

第 2 章

グラフのスペクトル

本章では，スペクトルグラフ理論において中心的な役割を示す行列であるラプラシアンや隣接行列とその基本的な性質を紹介する．次に，その固有値・固有ベクトルを用いて連結性や二部性などのグラフの基本的な性質を特徴付けることができることを示す．

2.1 グラフの基礎知識

有限集合 V に対して，$\binom{V}{2}$ を，V の異なる要素からなるペアの集合 $\{\{u,v\} : u,v \in V, u \neq v\}$ と定義する．（単純）**無向グラフ**とは集合 V と $E \subseteq \binom{V}{2}$ の組であり，V の要素は**頂点**，E の要素は**枝**と呼ばれる．今考えているグラフが明らかなとき，n を頂点数 $|V|$，m を枝の本数 $|E|$ の意味で用いることにする．またグラフ $G = (V, E)$ に対して，$V(G) = V$，$E(G) = E$ と定義する．

頂点 $u \in V$ が頂点 $v \in V$ に**隣接**している，すなわち $\{u,v\} \in E$ のとき，$u \sim v$ と書く．また頂点 u に隣接している頂点の集合を $N(u) := \{v \in V : v \sim u\}$ と書く．頂点 $v \in V$ に対して，その**次数**とは v に接続する枝の本数 $|\{e \in E : v \in e\}| = |N(v)|$ であり，d_v で表す．正整数 d に対して，グラフ $G = (V, E)$ が d **正則**であるとは，すべての頂点の次数が d であることを言う．ある d について d 正則なとき，G を**正則**と呼ぶ．

グラフ $G = (V, E)$ と互いに素な集合 $S, T \subseteq V$ に対して，

$$E(S,T) := \{e \in E : e \cap S \neq \emptyset \wedge e \cap T \neq \emptyset\},$$

$$e(S,T) := |E(S,T)|.$$

と定義する．つまり $E(S,T)$ は S と T の間に跨る枝の集合であり，$e(S,T)$ はその本数である．$e(S, V \setminus S)$ を S の**カットサイズ**と呼ぶ．また $E(S, V \setminus S)$ や $e(S, V \setminus S)$ に注目しているとき，S を**カット**と呼ぶことがある．

グラフ $G = (V, E)$ に対して，グラフ $H = (S, F)$ が G の**部分グラフ**である
とは，$S \subseteq V$, $F \subseteq E \cap \binom{S}{2}$ であることを言う．特に $F = E \cap \binom{S}{2}$ のとき，H
は S に**誘導される** G の部分グラフであると言い，$G[S]$ と書く．

状況によっては，ある頂点からそれ自身に伸びた枝（**自己ループ**）や，二点
間に多数の枝（**多重枝**）を許すと便利なことも多い．この場合も上記の定義は
自然に拡張することができる．多重枝を持つ（可能性のある）グラフを**多重グ
ラフ**と呼ぶ．

2.1.1 道と距離

グラフ $G = (V, E)$ 中の**道**[*1)]とは，頂点の列 $(v_1, v_2, \ldots, v_k)$ で，各
$i = 1, 2, \ldots, k-1$ に対して $\{v_i, v_{i+1}\} \in E$ を満たすもののことを言う．
グラフが**連結**であるとは，グラフ中の任意の二点間を結ぶ道が存在することを
言う．グラフ中の極大で連結な部分グラフのことを**連結成分**と呼ぶ．

グラフ $G = (V, E)$ の道 $P = (v_1, v_2, \ldots, v_k)$ の**長さ**を $k-1$ と定義する．こ
れは P が用いる枝の本数に等しい．二頂点 $u, v \in V$ の間の**距離** $d(u, v)$ を，u
と v を結ぶ道で最も長さが短いものの長さと定義する（非連結な場合は ∞ と
する）．また，グラフ $G = (V, E)$ の**直径**を $\max_{u,v \in V} d(u, v)$ と定義する．

2.1.2 有向グラフ

（**単純**）**有向グラフ**とは集合 V と $E \subseteq V \times V$ の組である．E の要素は無
向グラフと区別するために**有向枝**と呼ぶことがある．有向枝 $(u, v) \in E$ に対
して，u を**始点**，v を**終点**と呼ぶ．

頂点 $v \in V$ に対して，その**出次数**とは v を始点とする枝の本数であり，d_v^+
で表す．同様に**入次数**とは v を終点とする枝の本数であり，d_v^- で表す．頂点
$v \in V$ に対して，その向きを考慮した隣接頂点の集合を

$$N^-(v) := \{u \in V : (u, v) \in E\},$$
$$N^+(v) := \{u \in V : (v, u) \in E\}$$

と定義する．

有向グラフ $G = (V, E)$ と互いに素な集合 $S, T \subseteq V$ に対して，

$$E(S, T) := \{(u, v) \in E : u \in S \wedge v \in T\},$$
$$e(S, T) := |E(S, T)|$$

と定義する．つまり $E(S, T)$ は S から T に向かう枝の集合であり，$e(S, T)$ は
その本数である．$e(S, V \setminus S)$ を S の**カットサイズ**と呼ぶ．

[*1)] 文献によってはこれを歩道と呼び，同じ頂点を二度通らないという条件を満たすもの
　　を道と呼ぶこともある．

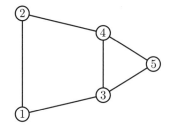

$$
\begin{pmatrix}
2 & -1 & -1 & 0 & 0 \\
-1 & 2 & 0 & -1 & 0 \\
-1 & 0 & 3 & -1 & -1 \\
0 & -1 & -1 & 3 & -1 \\
0 & 0 & -1 & -1 & 2
\end{pmatrix}
$$

図 2.1　5 頂点からなるグラフとそのラプラシアン.

部分グラフ，誘導部分グラフも無向グラフと同様に定義される.

2.2　ラプラシアン

本節ではスペクトルグラフ理論において中心的な役割を果たす行列であるラプラシアンの定義を行う.

グラフ $G = (V, E)$ の**次数行列** $D \in \mathbb{R}^{V \times V}$ と**隣接行列** $A \in \mathbb{R}^{V \times V}$ をそれぞれ，

$$
D_{uv} = \begin{cases} d_v & u = v \text{ のとき}, \\ 0 & \text{それ以外のとき}, \end{cases} \qquad
A_{uv} = \begin{cases} 1 & \{u, v\} \in E \text{ のとき}, \\ 0 & \text{それ以外のとき} \end{cases}
$$

と定義する. このとき G の**ラプラシアン**は $L := D - A$ と定義される.

例 2.2.1　図 2.1 に 5 頂点のグラフとそのラプラシアンを与えた. ラプラシアンの対角要素に次数が並び，枝に対応した箇所には値 -1 が確認できる.

グラフ G のラプラシアンは，G 中の枝に対応するラプラシアンの和として表現できる. 具体的には，頂点集合が V で枝 $e \in E$ のみを持つグラフに対応するラプラシアンを $L_e \in \mathbb{R}^{V \times V}$ と書く. すると

$$
(L_e)_{uv} = \begin{cases} 1 & u = v \in e \text{ のとき}, \\ -1 & e = \{u, v\} \text{ のとき}, \\ 0 & \text{それ以外のとき} \end{cases}
$$

である. すると $L = \sum_{e \in E} L_e$ が成り立つ.

ラプラシアンには他にもいくつか同値な定義がある. グラフ $G = (V, E)$ に対して，G の**向き付け**とは，各枝 $e = \{u, v\} \in E$ に $u \to v$ または $v \to u$ の向き付けを行い，有向グラフを作る操作のことを言う. G の任意の向き付けに対して，枝 $e = \{u, v\} \in E$ が u から v に向き付けが行われていたとき

$$
b_e = \mathbf{1}_u - \mathbf{1}_v \in \mathbb{R}^V
$$

と定義する. ここで頂点 $u \in V$ に対して $\mathbf{1}_u \in \mathbb{R}^V$ は u の**特性ベクトル**で

(a) 完全グラフ K_8　(b) 星グラフ　(c) 閉路グラフ C_8　(d) 超立方体グラフ H_3

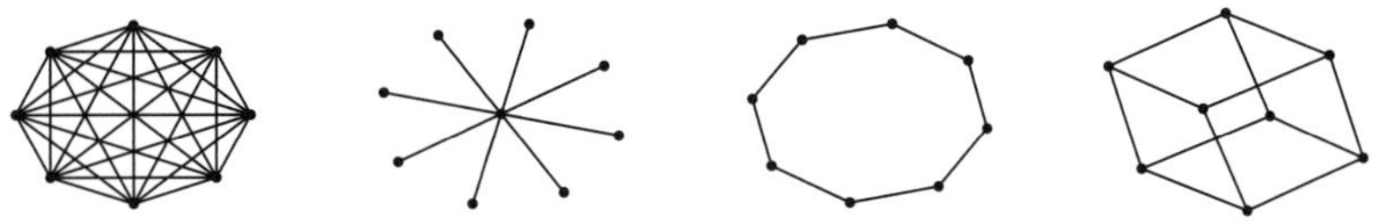

図 2.2　グラフの例.

あり，

$$
(\mathbf{1}_u)_v = \begin{cases} 1 & v = u \text{ のとき,} \\ 0 & \text{それ以外のとき} \end{cases}
$$

と定義される．すると $L_e = b_e b_e^\top$ であるので，G のラプラシアンは $L = \sum_{e \in E} b_e b_e^\top$ と書ける．**接続行列** $B \in \mathbb{R}^{E \times V}$ を $e \in E$ に対応する行が $b_e^\top$ である行列としたとき，$L = B^\top B$ と書き直すこともできる．

例 2.2.2　図 2.1 のグラフの接続行列（の一例）は

$$
B = \begin{pmatrix} 1 & -1 & 0 & 0 & 0 \\ 1 & 0 & -1 & 0 & 0 \\ 0 & 1 & 0 & -1 & 0 \\ 0 & 0 & 1 & -1 & 0 \\ 0 & 0 & 1 & 0 & -1 \\ 0 & 0 & 0 & 1 & -1 \end{pmatrix}
$$

であり，$B^\top B$ がラプラシアンを与えることが確認できる．

2.3　基本的なグラフとその固有値

本節ではいくつかの基本的なグラフを紹介し，その固有値を具体的に与える．次節で詳しく確認するが，ラプラシアンは非可逆行列であるので，固有値として必ず 0 を持つ（また，これが最小固有値となる）．

例 2.3.1（完全グラフ）　すべての頂点が互いに隣接しているグラフを**完全グラフ**と呼び，n 頂点の完全グラフを K_n と書く（図 2.2 (a) 参照）．K_n のラプラシアンの固有値は $\lambda_1 = 0, \lambda_2 = \cdots = \lambda_n = n$ である．実際，任意のベクトル $x \perp \mathbf{1}$ と頂点 v に対して，

$$
(Lx)_v = ((D - A)x)_v = (n-1)x_v - \sum_{u \neq v} x_u = nx_v
$$

となり，K_n は固有値 n を多重度 $n-1$ で持つことが分かる．

例 **2.3.2**（星グラフ） 特別な頂点 r とすべての他の頂点の間に枝を張ってできるグラフを**星グラフ**と呼ぶ（図 2.2 (b) 参照）．頂点 r のことをこのグラフの**根**と呼ぶ．n 頂点からなる星グラフ G に対して，根と異なる二点 u, v を取り，ベクトル $x = \mathbf{1}_u - \mathbf{1}_v$ と定義すると，$Lx = x$ となることが確認できる．ベクトルの集合 $\{\mathbf{1}_u - \mathbf{1}_v : r \neq u \neq v \neq r\}$ は $n-2$ 次元の空間を張るので，星グラフは固有値 1 を多重度 $n-2$ で持つ．残りの固有値は $\mathrm{tr}(L) - 0 - 1 \cdot (n-2) = 2n - 2 - (n-2) = n$ である．よって $\lambda_2 = \lambda_3 = \cdots = \lambda_{n-1} = 1, \lambda_n = n$ である．

例 **2.3.3**（閉路グラフ） 頂点集合が $V = \{0, \ldots, n-1\}$，枝集合が $E = \{\{i, i+1 \bmod n\} : i = 0, \ldots, n-1\}$ であるようなグラフ $G = (V, E)$ を**閉路グラフ**と呼び，n 頂点の閉路グラフを C_n と書く（図 2.2 (c) 参照）．

C_n のラプラシアンの固有値は $2 - 2\cos\frac{\pi k}{n}$ $(k = 0, \ldots, n-1)$ となる．実際，$k \in \{0, \ldots, n-1\}$ に対してベクトル $x \in \mathbb{R}^V$ を $x_i = \cos\frac{2\pi ki}{n}$ と定義すると，

$$(Lx)_i = 2x_i - x_{i-1 \bmod n} - x_{i+1 \bmod n}$$

$$= 2\cos\left(\frac{2\pi ki}{n}\right) - \cos\left(\frac{2\pi k(i-1)}{n}\right) - \cos\left(\frac{2\pi k(i+1)}{n}\right)$$

$$= 2\cos\left(\frac{2\pi ki}{n}\right) - \left(\cos\left(\frac{2\pi ki}{n}\right)\cos\left(\frac{2\pi k}{n}\right) - \sin\left(\frac{2\pi ki}{n}\right)\sin\left(\frac{2\pi k}{n}\right)\right)$$

$$\qquad - \left(\cos\left(\frac{2\pi ki}{n}\right)\cos\left(\frac{2\pi k}{n}\right) + \sin\left(\frac{2\pi ki}{n}\right)\sin\left(\frac{2\pi k}{n}\right)\right)$$

$$= 2\cos\left(\frac{2\pi ki}{n}\right) - 2\cos\left(\frac{2\pi ki}{n}\right)\cos\left(\frac{2\pi k}{n}\right)$$

$$= \cos\left(\frac{2\pi ki}{n}\right)\left(2 - 2\cos\left(\frac{2\pi k}{n}\right)\right)$$

$$= x_i\left(2 - 2\cos\left(\frac{2\pi k}{n}\right)\right).$$

よって L は $2 - 2\cos\frac{\pi k}{n}$ を固有値として持つ．

例 **2.3.4**（超立方体グラフ） $x, y \in \{0,1\}^d$ に対して，$d_H(x, y)$ をその**ハミング距離**，すなわち x, y を長さ d のビット列として書いたときに異なるビット数とする．$d_H(x, y) = |\{i \in [d] : x_i \neq y_i\}|$ である．頂点集合が $V = \{0,1\}^d$，枝集合 $E = \{\{x, y\} : x, y \in V, d_H(x, y) = 1\}$ であるようなグラフを（d **次元**）**超立方体グラフ**と呼び，H_d と書く（図 2.2 (d) 参照）．H_d の頂点数は 2^d であり，枝の本数は $d2^{d-1}$ である．

　任意の集合 $S \subseteq \{1, 2, \ldots, d\}$ に対して，関数 $f_S : \{0,1\}^d \to \{-1, 1\}$ を $f_S(x) = \prod_{i \in S}(-1)^{x_i}$ と定義する．また $x \in \{0,1\}^d$ と $i \in \{1, 2, \ldots, d\}$ に対して，$x^{(i)}$ を x の i ビット目を反転させることで得られるベクトルとする．すなわち $x^{(i)} = 1 - x_i$ かつ，任意の $j \neq i$ に対して $x_j^{(i)} = x_i$ である．

関数 f_S を 2^d 次元ベクトルとみなすと

$$(Lf_S)_x = df_S(x) - \sum_{i=1}^{d} f_S(x^{(i)})$$
$$= df_S(x) - \sum_{i \notin S} f_S(x) + \sum_{i \in S} f_S(x) = 2|S|f_S(x)$$

となり，f_S は固有値 $2|S|$ の固有ベクトルであることが分かる.

集合 S の取り方は 2^d 通りあるので，$\{f_S\}_{S \subseteq [d]}$ がすべての固有ベクトルをなしている.

2.4 ラプラシアンの二次形式

本節ではラプラシアン L の**二次形式** $x^\top L x$ と，そこから分かるラプラシアンの基本的な性質について考察する.

命題 2.4.1 $G = (V, E)$ をグラフとする. 任意の $x \in \mathbb{R}^V$ に対して

$$x^\top L x = \sum_{\{u,v\} \in E} (x_u - x_v)^2$$

が成り立つ.

証明 枝 $e \in E$ に対して，L_e を e に対応するラプラシアンとする. 簡単な計算により $x^\top L_e x = x_u^2 - 2x_u x_v + x_v^2 = (x_u - x_v)^2$ が成り立つことが確認できる. よって

$$x^\top L x = x^\top \left(\sum_{e \in E} L_e \right) x = \sum_{e \in E} x^\top L_e x = \sum_{e \in E} (x_u - x_v)^2$$

が成り立つ. $\square$

上の命題を用いて，ラプラシアンとカットサイズを関連付けることができる. グラフ $G = (V, E)$ と頂点集合 $S \subseteq V$ に対して，ベクトル $\mathbf{1}_S \in \mathbb{R}^V$ を

$$(\mathbf{1}_S)_v = \begin{cases} 1 & v \in S \text{ のとき,} \\ 0 & \text{それ以外のとき} \end{cases}$$

と定義する. すると以下が成り立つ.

系 2.4.2 任意のグラフ $G = (V, E)$ と頂点集合 $S \subseteq V$ に対して，

$$\mathbf{1}_S^\top L \mathbf{1}_S = e(S, V \setminus S)$$

が成り立つ.

証明　命題 2.4.1 より

$$\mathbf{1}_S^\top L \mathbf{1}_S = \sum_{\{u,v\} \in E} ((\mathbf{1}_S)_u - (\mathbf{1}_S)_v)^2 = e(S, V \setminus S). \qquad \square$$

以上の事実より，グラフのカット構造を調べる上でラプラシアンは非常に有用な道具となる．

命題 2.4.1 と定理 1.3.1 より，ラプラシアン L は半正定値対称であり，その固有値はすべて非負であることが分かる．多重度も考慮して L の固有値を，$0 \le \lambda_1 \le \lambda_2 \le \cdots \le \lambda_n$ と昇順に並べる．λ_k を L の第 k 固有値と呼ぶことにする．

$\lambda_1 = 0$ であることは以下のようにして簡単に示せる．まず $\mathbf{1} \in \mathbb{R}^V$ をすべての要素が 1 のベクトルとすると

$$(L\mathbf{1})_v = ((D - A)\mathbf{1})_v = d_v - \sum_{e \in E : v \in e} 1 = 0$$

であるので，$L\mathbf{1} = 0 \cdot \mathbf{1}$ となる．よって $\mathbf{1}$ は L の固有ベクトルであり，対応する固有値は 0 である．すべての固有値は 0 以上であるので，L の最小固有値は 0 であることが分かる．これは L の最小固有値にグラフの情報は入っていないことを意味している．

しかし λ_2 以降には多くの情報が含まれている．まず 2.6 節では，グラフの連結性は λ_2 が正の値を取ることと同値であることを見る．また 5 章では，より踏み込んで λ_2 の値がグラフに良いクラスタがあるかどうかを特徴付けていることを見る．また λ_k $(k \ge 3)$ を用いてより詳細なクラスタ構造が調べられること，λ_n が二部グラフへの近さを表現していることを見る．

2.5　グラフ描画

本節ではラプラシアンを用いたグラフの描画について説明する．これは与えられたグラフ $G = (V, E)$ を，2 次元平面上に「綺麗に」描画したいという問題である．綺麗さに決まった定義はないが，直感的には枝の交差が少なく，隣接する頂点が近いところに配置されていることが望ましい．

グラフ描画にラプラシアンが使えることを確認するために，まず最初に 1 次元の直線上にグラフの頂点を並べることを考える．二次形式

$$x^\top L x = \sum_{\{u,v\} \in E} (x_u - x_v)^2$$

は隣接する頂点の値が離れていると大きくなることに着目すると，二次形式を最小化する x を取り，頂点 v を位置 x_v に配置するのが自然であるように思われる．

ただしこのアイデアを基にグラフ描画を行うには，二次形式の最小化の際に

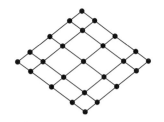

図 2.3　グラフ描画の例．左：ランダムな配置．右：固有ベクトルを利用した配置．

いくつか制約を入れる必要がある．まず $\|x\| = 1$ という制約を入れることで，x がゼロベクトル $\mathbf{0}$ になるのを防ぐ．次に 2.4 節の議論より，$L\mathbf{1} = \mathbf{0}$ であったことを思い出すと，$x = \mathbf{1}$ のときに二次形式の値は 0 になってしまう．そこで $x^\top \mathbf{1} = 0$ という制約も入れる．すると解くべき問題は

$$\min_{x \in \mathbb{R}^V : \|x\|=1, x^\top \mathbf{1}=0} x^\top L x = \min_{x \in \mathbb{R}^V : x^\top \mathbf{1}=0} \frac{x^\top L x}{x^\top x}$$

となる．クーラン–フィッシャーの定理（補題 1.2.2）より，これはラプラシアンの第二固有値 λ_2 そのものであり，その最適解は第二固有ベクトルである．

　もし 2 次元に描画したい場合には，二つのベクトル $x, y \in \mathbb{R}^V$ を使用して

$$\sum_{\{u,v\} \in E} \left\| \begin{pmatrix} x_u \\ y_u \end{pmatrix} - \begin{pmatrix} x_v \\ y_v \end{pmatrix} \right\|_2^2$$

を最小化すればよい．やはり自明な解を避けるために，$\|x\| = \|y\| = 1$，$x^\top \mathbf{1} = y^\top \mathbf{1} = 0$ という制約を課す．またこれだけでは，$y = x$ が最適解となってしまうので，x と y が直交，すなわち $x^\top y = 0$ という条件を課す．再びクーラン–フィッシャーの定理（補題 1.2.2）を用いることで，x を第二固有ベクトル，y を第三固有ベクトルとするのが最適解であることが分かる．

例 2.5.1　本節で解説した方法を用いてグラフを描画した例が図 2.3 である．ランダムな配置では全くグラフの構造が見えないが，ラプラシアンの固有ベクトルを用いることで，グラフがグリッドの形をしていることが明確に分かる．

2.6　連結性

　本節では，グラフの連結性がラプラシアンの第二固有値が正であるかによって特徴付けられることを見る．連結性はカットサイズが 0 であるような頂点集合があるかという問いに置き換えることができるので，ラプラシアンを用いて議論することができる．

定理 2.6.1　グラフ $G = (V, E)$ が非連結であることとラプラシアン L の第二固有値 λ_2 が 0 であることは同値である．

証明　もしグラフが非連結であるとする．このとき，連結成分 $\emptyset \subsetneq S \subsetneq V$ が取れる．ベクトル $v \in \mathbb{R}^V$ を $\mathbf{1}_S$ から $\mathbf{1}$ と直交する成分を取り除いたものとする．すなわち

$$v = \mathbf{1}_S - \frac{\mathbf{1}_S^\top \mathbf{1}}{\|\mathbf{1}_S\|\|\mathbf{1}\|} \cdot \frac{\mathbf{1}}{\|\mathbf{1}\|}$$

と定義する．すると $v \neq \mathbf{0}, v \perp \mathbf{1}$．また v は S において定数ベクトルであるので $Lv = \mathbf{0}$ となる．これは，v が $\mathbf{1}$ と直交する固有値 0 の固有ベクトルであることを意味し，$\lambda_2 = 0$ であることが分かる．

　もし $\lambda_2 = 0$ であるとする．すると補題 1.2.2 より，ベクトル $\mathbf{1}$ に直交する非ゼロベクトル $x \in \mathbb{R}^V$ が存在して，

$$x^\top L x = \sum_{\{u,v\} \in E} (x_u - x_v)^2 = 0 \tag{2.1}$$

を満たす．頂点集合 $S^+ = \{v \in V : x_v > 0\}$ と $S^- = \{v \in V : x_v < 0\}$ を定義すると，x が $\mathbf{1}$ に直交することから，S^+ と S^- はともに非空である．さらに式 (2.1) より，S^+ と S^- の間に枝は存在しない．よって G は二つ以上の連結成分を含み非連結である．　　　　　　　　　　　　　　　　　　　□

　連結成分はグラフの他の部分と繋がっていないという意味で非常に良いクラスタである．5 章では，$\lambda_2 = 0$ かどうかだけではなく，λ_2 の値にも意味があること，すなわち λ_2 が小さいことと良いクラスタがあることは同値であることを見る．

2.7　隣接行列

　スペクトルグラフ理論の中心はラプラシアンであるので，本章では先にラプラシアンの性質についての説明を行ったが，隣接行列もグラフに関する有用な情報を与えてくれる．隣接行列は対称行列であるので，固有値はすべて実数となる．それらを

$$\alpha_1 \geq \alpha_2 \geq \cdots \geq \alpha_n$$

と書くことにする．（自己ループがないとき）$\sum_{i=1}^n \alpha_i = \mathrm{tr}(A) = 0$ より，$\alpha_1 \geq 0$ かつ $\alpha_n \leq 0$ である．

補題 2.7.1（隣接行列の最大固有値）　グラフ $G = (V, E)$ の最大次数を Δ，その隣接行列の最大固有値を α_1 とする．このとき，$\alpha_1 \leq \Delta$ が成り立つ．また $\alpha_n \geq -\Delta$ が成り立つ．

証明　$x \in \mathbb{R}^V$ を α_1 に対応する固有ベクトルとする．$j \in V$ を x_j を最大にするような頂点とする．$x \perp \mathbf{1}$ より x_j は正である．このとき

$$\alpha_1 x_j = (Ax)_j = \sum_{i \in N(j)} x_i \le \sum_{i \in N(j)} x_j = d_j x_j \le \Delta x_j$$

であり，$\alpha_1 \le \Delta$ が成り立つ.

α_n についても同様の議論が成り立つ. $\qquad\qquad\qquad\qquad\qquad\qquad\square$

2.8 二部グラフ性

グラフ $G = (V, E)$ が**二部グラフ**であるとは，上手く V の分割 $V = L \cup R$ を選ぶことで，どの枝 $e \in E$ も L の頂点と R の頂点を結ぶようにできることを言う．この条件は $E \cap \binom{L}{2} = \emptyset$ かつ $E \cap \binom{R}{2} = \emptyset$ と言い換えることもできる.

グラフが二部グラフであるかどうかは，隣接行列の固有値を用いて特徴付けることができる.

定理 2.8.1 グラフ G が二部グラフであることの必要十分条件は，その隣接行列の固有値 $\alpha_1 \ge \alpha_2 \ge \cdots \ge \alpha_n$ が，すべての $i \in \{1, 2, \ldots, n\}$ について $\alpha_i = -\alpha_{n-i+1}$ を満たすことである.

定理 2.8.1 は以下の二つの補題を組み合わせることで示すことができる.

補題 2.8.2 $G = (V, E)$ を二部グラフとする．もしその隣接行列 $A \in \mathbb{R}^{V \times V}$ が固有値 α を多重度 k で持てば，A は固有値 $-\alpha$ を多重度 k で持つ.

証明 G は二部グラフであるので，V の分割 $L \cup R$ が存在し，隣接行列 A の行と列を適宜入れ替えることにより，行列 $B \in \mathbb{R}^{L \times R}$ を用いて

$$A = \begin{pmatrix} 0 & B \\ B^\top & 0 \end{pmatrix}$$

と書くことができる．ベクトル $x = \binom{x_L}{x_R}$ $(x_L \in \mathbb{R}^L, x_R \in \mathbb{R}^R)$ を固有値 α に対応する A の固有ベクトルとする．すると

$$\begin{pmatrix} 0 & B \\ B^\top & 0 \end{pmatrix} \begin{pmatrix} x_L \\ x_R \end{pmatrix} = \alpha \begin{pmatrix} x_L \\ x_R \end{pmatrix}$$

となり，$B^\top x_L = \alpha x_R$ かつ $B x_R = \alpha x_L$ となる．すると

$$\begin{pmatrix} 0 & B \\ B^\top & 0 \end{pmatrix} \begin{pmatrix} x_L \\ -x_R \end{pmatrix} = \begin{pmatrix} -B x_R \\ B^\top x_L \end{pmatrix} = \begin{pmatrix} -\alpha x_L \\ \alpha x_R \end{pmatrix} = -\alpha \begin{pmatrix} x_L \\ -x_R \end{pmatrix}$$

となり，$\binom{x_L}{-x_R}$ が固有値 $-\alpha$ に対応する固有ベクトルとなることが分かる．対応する固有ベクトルの構成方法から，k 個の線形独立な固有値 α の固有ベクトルから，k 個の線形独立な固有値 $-\alpha$ の固有ベクトルが得られるので，多重度

も一致する. □

補題 2.8.3 グラフ $G = (V, E)$ の隣接行列 $A \in \mathbb{R}^{V \times V}$ の固有値を $\alpha_1 \geq \alpha_2 \geq \cdots \geq \alpha_n$ とする. すべての $i \in \{1, 2, \ldots, n\}$ で, $\alpha_i = -\alpha_{n-i+1}$ が成り立つとき, G は二部グラフである.

証明 G が二部グラフではないと仮定すると, ある正の奇数 k が存在して, 長さ k のサイクル C が存在する.

A_{uv}^k が頂点 u から頂点 v までの (単純とは限らない) 長さ k の道の数であることに注意すると, C 中の任意の頂点 u に対して, $A_{uu}^k > 0$ が成り立つ. A^k の対角成分はすべて非負であるので, $\mathrm{tr}(A^k) > 0$ が成り立つ.

次に $\alpha_1^k \geq \alpha_2^k \geq \cdots \geq \alpha_n^k$ は A^k の固有値であることに注意すると,

$$\mathrm{tr}(A^k) = \sum_{i=1}^n \alpha_i^k = 0$$

となる. ここで最後の等式は固有値の対称性 ($\alpha_i = -\alpha_{n-i+1}$) を用いた. これは $\mathrm{tr}(A^k) > 0$ であることに矛盾する.

よって G は二部グラフである. □

もしグラフが連結な場合は定理 2.8.1 はさらに単純化することができる.

定理 2.8.4 連結なグラフ G が二部グラフであることの必要十分条件は, その隣接行列の固有値 $\alpha_1 \geq \alpha_2 \geq \cdots \geq \alpha_n$ が, $\alpha_1 = -\alpha_n$ を満たすことである.

証明 補題 2.8.2 より, G が二部グラフであれば, $\alpha_1 = -\alpha_n$ である.

次に $\alpha_1 = -\alpha_n$ であるとする. $x \in \mathbb{R}^V$ を固有値 α_n に対応する固有ベクトルとする. ベクトル $z \in \mathbb{R}^V$ を $z_v = |x_v|$ $(v \in V)$ と定義すると,

$$|\alpha_n| = |x^\top A x| \leq \sum_{u,v \in V} A_{uv} |x_u||x_v|$$

$$= \sum_{u,v \in V} A_{uv} z_u z_v = z^\top A z$$

$$\leq \max_{y \in \mathbb{R}^V} \frac{y^\top A y}{y^\top y} = \alpha_1$$

が成り立つ. $\alpha_1 = -\alpha_n$ であるので, 上記の不等号はすべて等号で成り立つ. よって, z は固有値 α_1 に対応する固有ベクトルとなる. また任意の $u, v \in V$ に対して, $A_{uv} x_u x_v \leq 0$ であり, これは任意の枝 $\{u, v\} \in E$ に対して $x_u x_v \leq 0$ を意味する.

もし $z > 0$, すなわち z のすべての要素が正であれば, 任意の枝 $\{u, v\} \in E$ に対して, x_u と x_v の片方は正, もう片方は負となる. すると V は以下の二つの集合に分割することができる.

$$L = \{u : x_u < 0\}, \quad R = \{v : x_v > 0\}.$$

すべての枝は L と R の間を結ぶので，G は二部グラフである.

　最後に $z > 0$ が実際に成り立つことを示す．まず定義より $z \geq 0$ である．次に z のある要素が 0 であると仮定する．すると，ある枝 $\{u, v\} \in E$ が存在し，$z_u = 0$ かつ $z_v > 0$ である．（もしそうでなければ $\{u \in V : z_u = 0\}$ と $\{v \in V : z_v > 0\}$ が非連結となり，G の連結性に矛盾する）．すると，$(Az)_u = \sum_{w \in N(u)} z_w > 0$ となるが，$(Az)_u = \alpha_1 z_u = 0$ であるので，矛盾する．よって $z > 0$ である． $\qquad\square$

出典および関連する話題

　スペクトルグラフ理論は非常に深く広範に研究されており，その内容をすべてを本書で紹介することは難しい．本書で触れることができなかった内容については，他の書籍[36], [121]や総説論文[99], [122]を参照されたい．スペクトルグラフ理論の結果の一部は，リーマン多様体に関するスペクトル幾何から着想を得ている（特に 5 章で紹介するチーガー不等式など）．スペクトル幾何について扱った和書として[147]がある．

　ラプラシアンは元来ユークリッド空間上の関数に対して適用される微分作用素として定義されている．関数 $f : \mathbb{R}^n \to \mathbb{R}$ に対して，ラプラシアン Δ は

$$\Delta f := \nabla \cdot \nabla f$$

として定義される．ここで ∇f は f の勾配，$\nabla \cdot g$ は g の発散を意味する．グラフのラプラシアン $L \in \mathbb{R}^{V \times V}$ が接続行列 $B \in \mathbb{R}^{E \times V}$ を用いて $L = B^\top B$ と書けたことを思い出すと，Bx が $x \in \mathbb{R}^V$ の勾配，$B^\top y$ は $y \in \mathbb{R}^E$ の発散を計算しているとみなせる．実際 Bx は各枝について枝の端点の x の値の差を取っているという意味で勾配と似たような操作を行っており，$B^\top y$ は各頂点について周りの枝の y の値の（符号付き）和を取っているという意味で発散と似たような操作になっている．

　超立方体グラフの固有値の解析に用いた関数 f_S はブール関数全体の基底をなしているとみなすこともできる．与えられたブール関数を f_S を用いて分解（**フーリエ展開**）することで関数の性質を調べる手法は，理論計算機科学においてなくてはならない道具となっている．ブール関数のフーリエ解析については O'Donnell による書籍[104]が詳しい

　ラプラシアンを使ったグラフ描画は 1970 年代にまで遡る[59]．描画に用いる行列や最適化手法を変えた場合のより詳しい解説として [77] がある．グラフ描画はグラフの低次元空間への埋め込みとみなすことができるが，点データの非線形な埋め込みは**多様体学習**と呼ばれ，その多くはスペクトルグラフ理論に着想を得ている[139]．

スペクトルグラフ理論と関連の深い話題として，グラフを群論や多項式を用いて解析する代数的グラフ理論がある．例えばラプラシアンの第二固有値は代数的連結性と呼ばれており，多くの研究がなされている[43], [49]．本書では代数的グラフ理論に関してはほとんど触れないが，その内容を網羅的に解説した書籍として [18], [56] がある．

第 3 章
全域木

始点と終点が同一の道を**閉路**と呼ぶ．グラフ $G = (V, E)$ が**木**であるとは，連結で閉路を含まないことを言う．特に $|E| = |V| - 1$ が成り立つ．グラフ $G = (V, E)$ の**全域木**とは，G の全頂点を使う部分グラフで木であるもののことを言う．グラフが全域木を持つためには連結でなければならず，また連結であれば全域木が存在する．図 3.1 に全域木の例を示す．本章では全域木の数え上げや一様サンプリングがラプラシアンを用いて行えることを見る．

図 3.1　全域木の例．実線は全域木中の枝，点線は全域木外の枝を意味する．

3.1　全域木の数え上げ

全域木の個数は一般に頂点数に対して指数的に大きくなるため，全域木を列挙してその数を確認しようとすると非常に長い計算時間が必要になる．しかし全域木の個数はラプラシアン（に少し変更を加えたもの）の行列式を用いて簡潔に記述することができる．この結果を利用することで，全域木の個数を多項式時間で計算することができるようになる．

準備として n 頂点のグラフ $G = (V, E)$ のラプラシアン L に対して，行列 $\tilde{L} \in \mathbb{R}^{V \times V}$ を $\tilde{L} = L + \mathbf{1}\mathbf{1}^\top / n$ と定義する．ベクトル $\mathbf{1} \in \mathbb{R}^V$ は L の他の固有ベクトルと直交するため，L の固有値を $0 = \lambda_1 \le \lambda_2 \le \cdots \le \lambda_n$ とすると，$\tilde{L}$ の固有値は $1, \lambda_2, \ldots, \lambda_n$ である．よってグラフ G が連結なとき，$\tilde{L}$ の固有

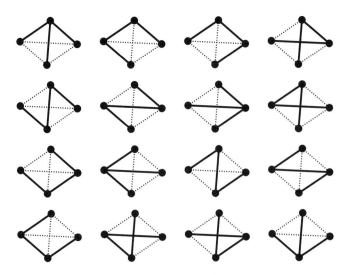

図 3.2　完全グラフ K_4 の全域木．$4^{4-2} = 16$ 個存在する．

値はすべて正となり，その行列式は正の値を持つ．このとき以下が成り立つ．

定理 3.1.1（行列木定理）　任意の n 頂点のグラフ $G = (V, E)$ に対して，G の全域木の個数は $\det(\tilde{L})/n$ である．

　上定理から，全域木の個数は $\prod_{i=2}^{n} \lambda_i / n$ とも書けることが分かる．簡単な確認として，グラフが非連結な場合は全域木の個数が 0 であるが，その場合は定理 2.6.1 より $\lambda_2 = 0$ であるので，この値も 0 となる．

例 3.1.2　例 2.3.1 で，n 頂点の完全グラフ K_n は固有値として $\lambda_2 = \cdots = \lambda_n = n$ を持つことを見た．定理 3.1.1 より K_n の全域木の個数は $n^{n-1}/n = n^{n-2}$ となる．図 3.2 に K_4 の全域木 $4^{4-2} = 16$ 個を示す．

　例 2.3.2 で，n 頂点の星グラフは固有値として $\lambda_2 = \cdots = \lambda_{n-1} = 1, \lambda_n = n$ を持つことを見た．定理 3.1.1 が与える星グラフの全域木の個数は $n/n = 1$ 個であり，正しいことが確認できる．

　定理 3.1.1 を一般のグラフについて示す前に，まずグラフがちょうど $n-1$ 本の枝を持つ，すなわち全域木が高々一つしか存在しない場合について考える．

補題 3.1.3　任意の n 頂点，$n-1$ 枝のグラフ $G = (V, E)$ に対して，

$$\frac{\det(\tilde{L})}{n} = \begin{cases} 0 & G \text{ が連結でないとき,} \\ 1 & G \text{ が連結なとき} \end{cases}$$

が成り立つ．

証明　もし G が連結でないとすると，定理 2.6.1 よりラプラシアン L は固有値 0 を持つ．よって $\tilde{L}$ も固有値 0 を持ち，$\det(\tilde{L}) = 0$ となる．

もし G が連結とする．行列 $\tilde{B}$ を，G の接続行列 $B \in \mathbb{R}^{E \times V}$ に行 $\mathbf{1}^\top / \sqrt{n}$ を追加して得られる行列とする．すると

$$\det(\tilde{L}) = \det \left(\sum_{e \in E} b_e b_e^\top + \frac{\mathbf{1}\mathbf{1}^\top}{n} \right) = \det \left(\tilde{B}^\top \tilde{B} \right) = \det \left(\tilde{B} \tilde{B}^\top \right)$$

となる．

ベクトル $\mathbf{1}$ は b_e $(e \in E)$ に直交するので，

$$\tilde{B} \tilde{B}^\top = \begin{pmatrix} & & & 0 \\ & BB^\top & & \vdots \\ & & & 0 \\ 0 & \cdots & 0 & 1 \end{pmatrix}$$

であり，$\det(\tilde{B}\tilde{B}^\top) = \det(BB^\top)$ である．

コーシー–ビネの公式（定理 1.6.3）より

$$\det(BB^\top) = \sum_{S \in \binom{V}{n-1}} \det(B_S B_S^\top) = \sum_{S \in \binom{V}{n-1}} \det(B_S)^2$$

となる．ここで $B_S \in \mathbb{R}^{E \times S}$ は B の S に対応する列を集めてできる部分行列である．

最後に $|\det(B_S)| = 1$ がすべての S で成り立つことを示す．G が木であるので，B_S が下三角，すなわち非ゼロの要素が対角線の左下側にしかない状態，になるように列を並べ替えることができる．具体的には，頂点 r を $V \setminus S$ に含まれる唯一の頂点とし，r を根とする根付き木を考える．この根付き木における葉を任意に取り，その頂点を $v \in S$ とする．v に対応する列を B_S の最後の列としておく．以降 v を取り除いた根付き木に対して上記の操作を再起的に行う．このようにして並べ替えた行列は下三角であり，対角成分は $+1$ か -1 である．よって $|\det(B_S)| = 1$ である．

以上の議論より $\det(\tilde{L}) = n$ となる． $\square$

定理 3.1.1 の証明 コーシー–ビネの公式（定理 1.6.3）より

$$\begin{aligned} \det(\tilde{L}) &= \det \left(\sum_{e \in E} b_e b_e^\top + \frac{\mathbf{1}\mathbf{1}^\top}{n} \right) \\ &= \sum_{F \subseteq \binom{E}{n}} \det \left(\sum_{e \in F} b_e b_e^\top \right) + \sum_{F \subseteq \binom{E}{n-1}} \det \left(\sum_{e \in F'} b_e b_e^\top + \frac{\mathbf{1}\mathbf{1}^\top}{n} \right) \\ &= \sum_{F \subseteq \binom{E}{n-1}} \det \left(\sum_{e \in F} b_e b_e^\top + \frac{\mathbf{1}\mathbf{1}^\top}{n} \right) \\ &= \sum_{F \subseteq \binom{E}{n-1}} \det \left(\tilde{L}_F \right) \end{aligned}$$

が成り立つ．ここで L_F はグラフ (V, F) に対するラプラシアンであり，$\tilde{L}_F = L_F + \mathbf{1}\mathbf{1}^\top/n$ である．よって補題 3.1.3 より定理が成り立つ． □

3.2 全域木上の一様分布

グラフ $G = (V, E)$ に対して $\mathcal{T}$ を G の全域木全体からなる集合，μ を $\mathcal{T}$ 上の一様分布とする，すなわち各全域木 $T \in \mathcal{T}$ が確率 $1/|\mathcal{T}|$ で選ばれる分布である．本節では分布 μ と G のラプラシアンの関係について説明する．

3.2.1 一様分布からのサンプリング

3.1 節において，全域木の個数が行列式で表現でき，その結果多項式時間で計算できることを示した．この事実を利用して，分布 μ から全域木を多項式時間でサンプリングできることを示す．

まず枝 $e \in E$ が一様ランダムに選ばれた全域木 $T \sim \mu$ に入っている確率 $p_e := \Pr_{T \sim \mu}[e \in T]$ は

$$p_e = 1 - \Pr_{T \sim \mu}[e \notin T] = 1 - \frac{|\{T \in \mathcal{T} : e \notin T\}|}{|\mathcal{T}|} = 1 - \frac{\det(\tilde{L}_{G-e})}{\det(\tilde{L}_G)} \quad (3.1)$$

と書ける．ここで $G - e$ は G から枝 e を取り除いてできるグラフを指す（図 3.3 (b)）．

グラフ $G = (V, E)$ と枝 $e \in E$ に対して，G/e を G において枝 e を**縮約**してできるグラフとする．ここで縮約とは e の両端点を一点にまとめる操作であり，結果として生じる自己ループは削除する（図 3.3 (c)）．同じ頂点間を結ぶ枝が複数現れる可能性があるが（**多重枝**と呼ばれる），それらは一本にまとめずすべて残しておく．よって縮約によって得られるグラフは多重枝を持ち得る**多重グラフ**である．

G の全域木を一様にサンプリングするためには，まず任意に枝 $e \in E$ を選び，確率 p_e を式 (3.1) に従って計算する．次に確率 p_e で，e を出力する全域木に含め，再帰的に G/e から一様にサンプリングした全域木と合わせて出力する．残りの確率 $1 - p_e$ で，e を削除し，再帰的に $G - e$ から一様にサンプリングした全域木を出力する．アルゴリズムの正しさは，G/e の全域木に e を加えたものと G の e を含む全域木が一対一に対応すること，$G - e$ の全域木と G の e を含まない全域木が一対一に対応することから明らかである．以上の議論を（再帰を展開した形で）擬似コードとしてまとめたものをアルゴリズム 3.1 に示す．

3.2.2 枝に関する周辺分布

枝 $e \in E$ が一様ランダムにサンプルされた全域木に含まれる確率 p_e はラプ

(a) 元グラフ　　　　(b) 枝 {1,2} を削除　　　　(c) 枝 {1,2} を縮約

図 3.3　枝の削除と縮約.

アルゴリズム 3.1: 全域木上の一様分布からのサンプリング

---

1 Procedure UNIFORMSPANNINGTREE(G)

2 　　　G の枝を任意の順番で並べたものを $e_1, e_2, \ldots, e_m$ とする;

3 　　　$G_0 = G$ とし T を空のグラフとする;

4 　　　**for** $i = 1$ *to* m **do**

5 　　　　　$p_i = \Pr_{T' \sim \mu_{G_{i-1}}}[e_i \in T']$ を式 (3.1) に従って計算する;

6 　　　　　確率 p_i で e_i を T に含め, G_i を G_{i-1}/e とする;

7 　　　　　残りの確率 $1 - p_i$ で, $G_i = G_{i-1} - e_i$ とする;

8 　　　**return** T.

ラシアンを用いて表すことができる. まず階数が 1 の行列によって摂動された
ときの行列式の変化について以下の性質が成り立つ.

補題 3.2.1 $A \in \mathbb{R}^{n \times n}$ を正定値対称な行列とする (特に逆行列 A^{-1} が存在
する). 任意のベクトル $x \in \mathbb{R}^n$ に対して,

$$\det(A + xx^\top) = \det(A)(1 + x^\top A^{-1}x)$$

が成り立つ. 同様に

$$\det(A - xx^\top) = \det(A)(1 - x^\top A^{-1}x)$$

が成り立つ.

証明 行列 A は正定値対称なので, $A^{1/2}$ と $A^{-1/2}$ が定義される. まず

$$\det\left(A + xx^\top\right) = \det\left(A^{1/2}(I + A^{-1/2}xx^\top A^{-1/2})A^{1/2}\right)$$
$$= \det(A)\det\left(I + A^{-1/2}xx^\top A^{-1/2}\right).$$

が成り立つ. ここで $A^{-1/2}xx^\top A^{-1/2}$ は階数 1 の行列であり, 固有値
$\mathrm{tr}(A^{-1/2}xx^\top A^{-1/2}) = \mathrm{tr}(x^\top A^{-1}x) = x^\top A^{-1}x$ を多重度 1 で持ち, 固有値 0
を多重度 $n-1$ で持つ. よって $I + A^{-1/2}xx^\top A^{-1/2}$ は固有値 $1 + x^\top A^{-1}x$ を
多重度 1 で持ち, 固有値 1 を多重度 $n-1$ で持つ. よって

$$\det(I + A^{-1/2}xx^\top A^{-1/2}) = 1 + x^\top A^{-1}x$$

であり，$\det(A + xx^\top) = \det(A)(1 + x^\top A^{-1}x)$ が成り立つ．
$\det(A - xx^\top)$ に関する議論も同様である． □

補題 3.2.2 任意のグラフ $G = (V, E)$ と枝 $e \in E$ に対して

$$p_e = b_e^\top L^\dagger b_e$$

が成り立つ．

証明 式 (3.1) より

$$
\begin{aligned}
p_e &= 1 - \frac{\det(\tilde{L}_{G-e})}{\det(\tilde{L}_G)} = 1 - \frac{\det(\tilde{L}_G - b_e b_e^\top)}{\det(\tilde{L}_G)} \\
&= 1 - \frac{\det(\tilde{L}_G)(1 - b_e^\top \tilde{L}_G^{-1} b_e)}{\det(\tilde{L}_G)} \quad\quad (\text{補題 3.2.1 より}) \\
&= b_e^\top \tilde{L}_G^{-1} b_e
\end{aligned}
$$

となる．L の固有分解 $L = \sum_{i=1}^n \lambda_i v_i v_i^\top$ を考えると，

$$
\begin{aligned}
\tilde{L}_G^{-1} &= \frac{\mathbf{1}\mathbf{1}^\top}{n} + \sum_{i=2}^n \frac{1}{\lambda_i} v_i v_i^\top, \\
L_G^\dagger &= \sum_{i=2}^n \frac{1}{\lambda_i} v_i v_i^\top
\end{aligned}
$$

であり，b_e は $\mathbf{1}$ に直交するので，$b_e^\top \tilde{L}_G^{-1} b_e = b_e^\top L_G^\dagger b_e$ が成り立つ． □

例 3.2.3（完全グラフ） n 頂点の完全グラフ K_n を考える．K_n のどの枝 e についても，e が全域木に含まれる確率は $p_e = (n-1)/\binom{n}{2} = 2/n$ である．K_n の非自明な固有値はすべて n であったから（例 2.3.1），任意のベクトル $x \perp \mathbf{1}$ について，$L^\dagger x = x/n$ が成り立つ．よって補題 3.2.2 からも $p_e = b_e^\top L^\dagger b_e = b_e^\top b_e/n = 2/n$ が得られる．

$p_e = b_e^\top L_G^\dagger b_e$ は電気回路的な解釈もあるため**有効抵抗**とも呼ばれるが，詳細は 4 章で解説することとして，ここでは以下の事実を示す．

補題 3.2.4 任意の n 頂点のグラフ $G = (V, E)$ に対して，枝の有効抵抗の和は $n - 1$ である．

証明 ここでは二つの証明を与える．

一つ目は，全域木上の一様分布において p_e が枝 e がサンプルされた全域木に含まれる確率を意味していることに着目する．具体的には，期待値の線形性から

$$\sum_{e \in E} p_e = \mathop{\mathbf{E}}_{T \sim \mu} [|T|] = n - 1.$$

が得られる.

二つ目は,補題 3.2.2 を用いたものである.まず

$$\sum_{e \in E} p_e = \sum_{e \in E} \text{tr}\left(b_e^\top L_G^\dagger b_e\right) = \sum_{e \in E} \text{tr}\left(b_e b_e^\top L_G^\dagger\right)$$

$$= \text{tr}\left(\sum_{e \in E} b_e b_e^\top L_G^\dagger\right) = \text{tr}\left(L_G L_G^\dagger\right).$$

が成り立つ.ラプラシアン L の固有分解 $L = \sum_{i=1}^n \lambda_i v_i v_i^\top$ を考えると,

$$L_G L_G^\dagger = \left(\sum_{i=1}^n \lambda_i v_i v_i^\top\right)\left(\sum_{i=2}^n \frac{1}{\lambda_i} v_i v_i^\top\right) = \sum_{i=2}^n v_i v_i^\top$$

であり,$\text{tr}(L_G L_G^\dagger) = n - 1$ となる. $\qquad\square$

3.2.3 枝集合に関する周辺分布

前小節では一つの枝に関する周辺分布をラプラシアンの擬似逆行列を用いて表現できることを見た.本小節では枝集合に関する周辺分布もラプラシアンを用いて表現できることを示す.

グラフ $G = (V, E)$ を連結なグラフとすると,そのラプラシアン L の固有展開 $L = \sum_{i=1}^n \lambda_i v_i v_i^\top$ に対して,擬似逆行列 $L^\dagger$ は $L^\dagger = \sum_{i=2}^n \frac{1}{\lambda_i} v_i v_i^\top$ と書ける.そこで擬似逆行列の**平方根** $L^{\dagger/2}$ を

$$L^{\dagger/2} := \sum_{i=2}^n \frac{1}{\sqrt{\lambda_i}} v_i v_i^\top$$

と定義する.次に $y_e = L_G^{\dagger/2} b_e$ と定義する.ベクトルの集合 $\{y_e\}_{e \in E}$ は $\mathbf{1}$ に直交する空間において等方的である.実際,

$$\sum_{e \in E} y_e y_e^\top = \sum_{e \in E} L_G^{\dagger/2} b_e b_e^\top L_G^{\dagger/2} = L_G^{\dagger/2}\left(\sum_{e \in E} b_e b_e^\top\right) L_G^{\dagger/2} = L_G^{\dagger/2} L_G L_G^{\dagger/2}$$

$$= \left(\sum_{i=2}^n \frac{1}{\sqrt{\lambda_i}} v_i v_i^\top\right) \cdot \left(\sum_{i=1}^n \lambda_i v_i v_i^\top\right) \cdot \left(\sum_{i=2}^n \frac{1}{\sqrt{\lambda_i}} v_i v_i^\top\right) = \sum_{i=2}^n v_i v_i^\top$$

であるので,任意の単位ベクトル $x \perp \mathbf{1}$ に対して,

$$\sum_{e \in E} \langle x, y_e \rangle^2 = \sum_{e \in E} x^\top y_e y_e^\top x = x^\top \left(\sum_{i=2}^n v_i v_i^\top\right) x = 1$$

が成り立つ(1.8 節の議論と同等である).

グラフ $G = (V, E)$ に対して,行列 $Y \in \mathbb{R}^{E \times E}$ を

$$Y_{ef} = \langle y_e, y_f \rangle \quad (e, f \in E)$$

と定義する.枝集合 F に対して,Y_F を F に対応する行と列を抜き出した Y

の主小行列とする．驚くべきことに Y の主小行列の行列式は対応する枝集合が全域木に同時に含まれている確率と等しい．

定理 3.2.5 任意の $F \subseteq E$ に対して

$$\Pr_{T \sim \mu}[F \subseteq T] = \det(Y_F)$$

が成り立つ．

以下の補題を用いる．

補題 3.2.6 $A \in \mathbb{R}^{n \times m}, B \in \mathbb{R}^{m \times n}$ とする．このとき

$$\det(I_n + AB) = \det(I_m + BA)$$

が成り立つ（ここで I_n と I_m はそれぞれ n 次元と m 次元の単位行列である）．

証明 行列 $M \in \mathbb{R}^{(n+m) \times (n+m)}$ を

$$M = \begin{pmatrix} I_n & -A \\ B & I_m \end{pmatrix}$$

と定義する．補題 1.9.2 より

$$\det(M) = \det(I_n)\det(I_m - BI_n^{-1}(-A)) = \det(I_m + BA).$$

同様に

$$\det(M) = \det(I_m)\det(I_n - (-A)I_m^{-1}B) = \det(I_n + AB)$$

よって主張が成り立つ． $\qquad\square$

定理 3.2.5 の証明 F の大きさに関して帰納法を行う．

$|F| = 1$，すなわち枝 $e \in E$ を用いて $F = \{e\}$ と書けるときは，補題 3.2.2 より $\Pr_{T \sim \mu}[F \subseteq T] = b_e^\top L^\dagger b_e = y_e^\top y_e = \det(Y_F)$ が成り立つ．

大きさ $|F|$ 未満の枝集合に対して主張が成り立っていると仮定する．包除原理より

$$\begin{aligned}
\Pr[F \cap T \neq \emptyset] &= \sum_{k=1}^{|F|} (-1)^{k-1} \sum_{S \in \binom{F}{k}} \Pr[S \subseteq T] \\
&= \sum_{k=1}^{|F|-1} (-1)^{k-1} \sum_{S \in \binom{F}{k}} \det(Y_S) + (-1)^{|F|-1} \Pr[F \subseteq T] \\
&= \sum_{k=1}^{|F|-1} (-1)^{k-1} \det_k(Y_F) + (-1)^{|F|-1} \Pr[F \subseteq T].
\end{aligned}$$

が成り立つ．

固有多項式を考えると

$$\det(I - Y_F) = 1 - \sum_{k=1}^{|F|} (-1)^{k-1} \det_k (Y_F)$$

$$= 1 - \Pr[F \cap T \neq \emptyset] + (-1)^{|F|-1} \Pr[F \subseteq T] - (-1)^{|F|-1} \det(Y_F).$$

一方で $B_F \in \mathbb{R}^{F \times V}$ を接続行列の行を F に限定した行列とすると，

$$1 - \Pr[F \cap T \neq \emptyset] = \Pr[F \cap T = \emptyset] = \frac{\det(\tilde{L}_G - \sum_{e \in F} b_e b_e^\top)}{\det(\tilde{L}_G)}$$

$$= \frac{\det(\tilde{L}_G - B_F^\top B_F)}{\det(\tilde{L}_G)}$$

$$= \frac{\det(\tilde{L}_G) \det(I - \tilde{L}_G^{-1/2} B_F^\top B_F \tilde{L}_G^{-1/2})}{\det(\tilde{L}_G)}$$

$$= \det\left(I - \sum_{e \in F} y_e y_e^\top\right)$$

$$= \det(I - Y_F).$$

よって $\Pr[F \subseteq T] = \det(Y_F)$ が成り立つ． $\qquad\square$

定理 3.2.5 から，全域木上の一様分布が負の相関を持つことを示すことができる．まず最初に枝のペアに関しての負相関を示す．

系 3.2.7（枝のペアに関する負相関） 任意の枝 $e, f \in E$ に対して，

$$\Pr_{T \sim \mu}[e \in T \wedge f \in T] \leq \Pr[e \in T] \cdot \Pr[f \in T]$$

である．

証明 定理 3.2.5 より

$$\Pr[e \in T \wedge f \in T] = \det \begin{pmatrix} \langle y_e, y_e \rangle & \langle y_e, y_f \rangle \\ \langle y_e, y_f \rangle & \langle y_f, y_f \rangle \end{pmatrix} = \|y_e\|^2 \cdot \|y_f\|^2 - \langle y_e, y_f \rangle^2$$

が成り立つ．よって

$$\Pr_{T \sim \mu}[e \in T \wedge f \in T] - \Pr[e \in T] \cdot \Pr[f \in T] = -\langle y_e, y_f \rangle^2 \leq 0$$

が成り立つ． $\qquad\square$

系 3.2.7 は $\Pr_{T \sim \mu}[f \in T \mid e \in T] \leq \Pr[f \in T]$ であると主張しているが，これは言い換えると，枝 $f \in E$ が全域木 T に入る確率は，T に枝 $e \in E$ が既に入っていると下がるということである．直感的にも，枝 e が T に既に入っていると，f を追加することで閉路ができやすくなる，もしくは枝の本数が $n-1$ という制約を破りやすくなるので，この性質は正しいと期待できる．

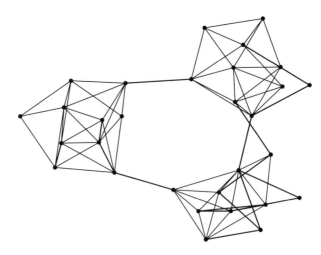

図 3.4 全域木中心性.

系 3.2.7 をより一般化した以下が成り立つ.

系 3.2.8（枝集合に関する負相関） 任意の $F \subseteq E$ に対して,

$$\Pr_{T \sim \mu}[F \subseteq T] \leq \prod_{e \in F} \Pr[e \in T]$$

証明 定理 3.2.5 と系 1.6.6 より得られる. □

3.3　全域木中心性

　ネットワーク科学で用いられる基本的な概念として**中心性**がある. これは与えられたネットワーク中の頂点や枝の重要度のことであり, 応用に応じて様々な中心性が定義されている.

　全域木上の一様分布において枝 $e \in E$ がサンプルされる確率 p_e は, ネットワーク科学においては**全域木中心性**と呼ばれている. 図 3.4 に, クラスタ構造を持つグラフにおいて全域木中心性を計算した結果を示す. ここでは全域木中心性が大きい枝ほど太い線を用いて描画している. クラスタ間を結ぶ枝は高い確率で全域木に用いられるため, 線が太くなっている. 一方クラスタ内の枝は全域木に用いられる確率が低いため, 線が細くなっている. ただしクラスタ内であっても, 他の頂点との連結性が低い頂点の周りの枝は色が濃くなっている. 上記の例から分かるように, それを取り除くと連結性に影響があるような脆弱な枝を見つけるのに全域木中心性は有効である.

出典および関連する話題

　行列木定理（定理 3.1.1）の起源は古く, その原型は 19 世紀半ばから知られて

いる．本章で紹介した全域木を一様にサンプリングするアルゴリズム（アルゴリズム 3.1）は Guénoche による[58]．他にもランダムウォーク（詳しくは 6 章を参照）に基づいた手法も知られており[2], [24], [93], [135]，特に Madry, Straszak, Tarnawski によるアルゴリズム[93]は枝の本数 m に対して $m^{4/3+o(1)}$ 時間で動作する．全域木上の一様分布に全変動距離（6.1.2 節参照）の意味で近い分布からサンプリングする手法も多く研究されており[47], [72], [78]，$m^{1+o(1)}$ 時間で動作するものが存在する[118]．これらの成果は全域木をラプラシアンなどの線形代数的な観点から見なければ得ることができなかったものであり，スペクトルグラフ理論の強力さを垣間見ることができる．

定理 3.2.5 は Burton と Pemantle によって示された[25]．枝のペアに関する負相関（系 3.2.7）を利用することで，任意の枝集合 $F \subseteq E$ と $\epsilon > 0$ に対して，

$$\Pr_{T \sim \mu}\left[|F \cap T| \geq (1 + \epsilon)\mathop{\mathbf{E}}_{T' \sim \mu}[|F \cap T'|]\right] \leq \left(\frac{e^\epsilon}{(1+\epsilon)^{1+\epsilon}}\right)^{\mathbf{E}_{T' \sim \mu}[|F \cap T'|]}$$

であることが示せる[108]．これは $|F \cap T|$ がその期待値の近くの値を取る確率が非常に高いことを意味しており，このような不等式は一般に**集中不等式**と呼ばれる（詳しくは 8.2.1 節を参照）．この集中不等式は，木を解とする離散最適化問題を解く際に，連続緩和で得られた実数解から木を構築する際に利用されている[30]．定理 3.2.5 の証明の途中で使用した補題 3.2.6 は Weinstein–Aronszajn の等式として知られている．

全域木中心性は元々は生物の進化を記述する系統樹を構築するための道具として提案された[129]．その後ネットワークの解析における有用性が認められ，全域木中心性を計算する高速アルゴリズムがいくつか提案されている[61], [98], [110]．

第 4 章

電気回路

グラフ $G = (V, E)$ は，各頂点 $v \in V$ を電気回路の節点，各枝 $e \in E$ を抵抗器とみなすことで電気回路とみなすことができる．本章では，グラフを電気回路とみなしたときに現れる概念や性質の多くが，ラプラシアンやそのスペクトルを通じて議論できることを紹介する．特に 4.4 節で紹介する有効抵抗は，ランダムウォークの解析（6 章）やグラフの疎化（8 章）への応用がある．また電流はネットワークの頂点の中心性を定義するのにも用いられている．議論を簡単にするため，与えられるグラフは連結であると仮定する．

4.1 電流

電気回路が与えられたときに最初に考えることは，その上で**電流**がどう流れるかである．$G = (V, E)$ の各頂点 $v \in V$ に $b_v \in \mathbb{R}$ アンペアの電流が外部から流れているとしよう．より具体的には，$b_v > 0$ のときに電流が v に流入しており，$b_v < 0$ のときに電流が v から流出しているとみなす．電流の流出量と流入量は一致していなければならないので，b_v を要素として持つ外部電流ベクトル $b \in \mathbb{R}^V$ を用いて，$\sum_{v \in V} b_v = \langle b, \mathbf{1} \rangle = 0$ という制約を課す．このとき，各枝 $e \in E$ に流れる電流 $x_e \in \mathbb{R}$ は何アンペアになるだろうか．

電流が流れる向きを考えるために，G の各枝 $e \in E$ に適当な向き付けを考え，得られる有向グラフを $\vec{G} = (V, \vec{E})$ と書くことにする．G の枝 $\{u, v\} \in E$ が $\vec{G}$ において $u \to v$ と向き付けされていたとする．もし $x_e > 0$ であれば u から v に，$x_e < 0$ であれば v から u に，$|x_e|$ アンペアの電流が流れているとみなす．利便性のために（$u \to v$ と向き付けられているとき），$x_{uv} = x_e$，$x_{vu} = -x_e$ と定義する．

電流，つまり $\{x_e : e \in E\}$ を計算するには，電流が満たすべき二つの性質，すなわち流量保存則とオームの法則を考えればよい．

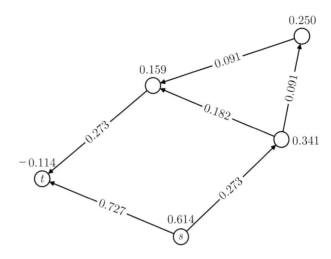

図 4.1　電流・電位の例：頂点に付随する値は電位，枝に付随する値は電流を表す.

流量保存則（キルヒホッフの電流則）

　流量保存則は各頂点 $u \in V$ に流入する電流と流出する電流の量は一致するという法則である．つまり

$$\sum_{v \in N(u)} x_{uv} = b_u$$

が成り立つ．これは（$\vec{E}$ の向き付けに従う）接続行列 $B \in \mathbb{R}^{E \times V}$ を使って，

$$B^\top x = b \tag{4.1}$$

と書ける.

例 4.1.1　図 4.1 は，頂点 s から頂点 t に 1 アンペアの電流を流したときに，各枝をどのように電流が流れているかを示したものである．s と t 以外の頂点では，入る電流と出る電流の量が一致していることが分かる.

オームの法則

　オームの法則は，電流 $x \in \mathbb{R}^E$ に対して，電位 $p \in \mathbb{R}^V$ が存在して，任意の枝 $e = \{u, v\} \in E$ に対して（$\vec{G}$ において $u \to v$ と向き付けられているとする），

$$x_e = p_u - p_v$$

が成り立つという法則である．これは流量保存則のときに用いた接続行列 $B \in \mathbb{R}^{E \times V}$ を用いて，

$$x = Bp \tag{4.2}$$

と書ける.

例 4.1.2 再び図 4.1 を見ると，各枝を流れる電流は端点の電位の差になっていることが分かる．

式 (4.1) と式 (4.2) を合わせると，

$$B^\top B p = L p = b \tag{4.3}$$

となる．ここで L はグラフ G のラプラシアンであり，式 (4.3) を**ラプラス方程式**と呼ぶ．すると電位（の一つの可能性）は

$$p = L^\dagger b \tag{4.4}$$

と書けることが分かる．実際には電位は一意には定まらず，任意の $\alpha \in \mathbb{R}$ に対して，$p + \alpha \mathbf{1}$ が同じ電流を実現する．また電流 $x \in \mathbb{R}^E$ は

$$x = B p = B L^\dagger b \tag{4.5}$$

と書ける．このように電流の計算にはラプラシアンが自然に現れる．

キルヒホッフの電位則

9 章でラプラス方程式に対する高速アルゴリズムを与えるが，アルゴリズムの設計のアイデアとしてキルヒホッフの電位則を用いるので，関連する話題としてここで紹介する．キルヒホッフの電位則は，電流 $x \in \mathbb{R}^E$ は，任意の（有向）サイクル $C = (v_1, v_2, \ldots, v_k)$ に対して，

$$\sum_{i=1}^{k} x_{v_{i-1} v_i} = 0$$

を満たすという法則である（$v_0 = v_k$ とみなす）．

例 4.1.3 図 4.1 において，外周の枝を流れる電流を（向きを考慮しながら）足すと

$$0.727 - 0.273 - 0.091 - 0.091 - 0.273 \approx 0$$

になっていることが確認できる（電流の値の表示を小数点以下 3 桁で打ち切ったため誤差が生じている）．

補題 4.1.4 キルヒホッフの電位則はオームの法則と等価である．

証明 もしある電位ベクトル $p \in \mathbb{R}^V$ が存在して，オームの法則を満たすとする．すると，任意の有向サイクル $C = (v_1, v_2, \ldots, v_k)$ に対して，

$$\sum_{i=1}^{k} x_{v_{i-1} v_i} = \sum_{i=1}^{k} (p_{v_{i-1}} - p_{v_i}) = 0$$

が成り立つ（$v_0 = v_k$ とみなす）．

次に逆向きを示す．今，ベクトル $x \in \mathbb{R}^E$ が与えられておりキルヒホッフの

電位則を満たすとする．グラフ G の任意の全域木 T と頂点 $r \in V$ を取る．頂点 $v \in V$ に対して $P_{v \to r}$ を v から r への有向道とする．このとき，ベクトル $p \in \mathbb{R}^V$ を

$$p_v = \sum_{(a,b) \in P_{v \to r}} x_{ab} \quad (v \in V)$$

と定義する（$p_r = 0$ とする）．定義から，T 中の枝に関して p はオームの法則を満たす．

　任意の枝 $\{u, v\} \in E \setminus E(T)$ に対して p がオームの法則を満たすことを示す．$P_{r \to v}$ を $P_{v \to r}$ の向きを逆にして得られる r から v への有向道とする．有向道 $P_{u \to r}$, $P_{r \to v}$ と有向枝 (v, u) を繋げてできる有向サイクル C を考えると

$$
\begin{aligned}
p_u - p_v &= \sum_{(a,b) \in P_{u \to r}} x_{ab} - \sum_{(a,b) \in P_{v \to r}} x_{ab} \\
&= \sum_{(a,b) \in P_{u \to r} \cup P_{r \to v}} x_{ab} \\
&= \sum_{(a,b) \in C} x_{ab} - x_{vu} \\
&= 0 - x_{vu} \quad (\text{キルヒホッフの電位則より}) \\
&= x_{uv}
\end{aligned}
$$

となりオームの法則が成り立っていることが分かる． $\square$

4.2　電流伝達行列

　頂点に電流 $b \in \mathbb{R}^V$ を流したときに，各枝を流れる電流 $x \in \mathbb{R}^E$ は，式 (4.5) より $BL^\dagger b$ と計算できる．さて，各枝 $e = \{s, t\} \in E$ に対して（$\vec{G}$ において $s \to t$ と向き付されているとする），ベクトル $b_e := \mathbf{1}_s - \mathbf{1}_t$ を電流として頂点に与え，枝に流れる電流を計算することを考える．接続行列の転置 $B^\top \in \mathbb{R}^{V \times E}$ は b_e を列ベクトルとして集めてできる行列であるので，これらの電流をまとめた行列は以下の**電流伝達行列** $Y \in \mathbb{R}^{E \times E}$ として記述することができる．

$$Y = BL^\dagger B^\top$$

定義から分かるように $Y_{ef} = b_e^\top L^\dagger b_f$ は枝 $f \in E$ の端点に 1 アンペアの電流を流したときに枝 $e \in E$ に流れる電流である．

　この行列は 3.2.3 節で見た，全域木の分布を規定する行列と一致する．特に $Y_{ee} = \mathrm{Pr}_{T \sim \mu}[e \in T]$ であったことから，ランダムに選んだ全域木に枝 $e \in E$ が含まれる確率は，e の端点に 1 アンペアの電流を流したときに，枝 e を流れる電流に一致することが分かる．

電流伝達行列の固有値について以下の性質が成り立つ.

補題 4.2.1 電流伝達行列は射影行列である,すなわちすべての固有値が 0 か 1 である.

証明 Y は対称行列であるので $YY^\top = Y$ であることを示せばよい.実際

$$YY^\top = BL^\dagger B^\top BL^\dagger B^\top = BL^\dagger LL^\dagger B^\top = BL^\dagger B^\top = Y$$

である. □

補題 4.2.2 電流伝達行列 $Y \in \mathbb{R}^{E \times E}$ は $\mathrm{im}(Y) = \mathrm{im}(B)$ を満たす.特に,$n-1$ 個の固有値が 1 で,残りの固有値は 0 である.

証明 $\mathrm{im}(B)$ は電位 $p \in \mathbb{R}^V$ を定めることで求まる電流 $x \in \mathbb{R}^E$ 全体からなる空間である.この空間が $\mathrm{im}(Y)$ に一致することを示す.まず定義より,

$$\mathrm{im}(Y) = \mathrm{im}(BL^\dagger B^\top) \subseteq \mathrm{im}(B)$$

である.

次に逆を示す.$x \in \mathrm{im}(B)$ を電流とする.このとき,ある電位ベクトル $p \in \mathbb{R}^V$ が存在して,$p \perp \mathbf{1}$ かつ $Bp = x$ である.よって

$$Yx = BL^\dagger B^\top (Bp) = BL^\dagger Lp = Bp = x.$$

である.三つ目の等式では,$p \perp \mathbf{1}$ とグラフが連結であるという仮定を用いた.よって x は Y の固有ベクトルであり,$x \in \mathrm{im}(Y)$ である.

以上から $\mathrm{im}(Y) = \mathrm{im}(B)$ が従う.$\ker(B)$ はグラフが連結であるという仮定から 1 次元空間であるので,$\mathrm{im}(B)$ は $n-1$ 次元空間であり,$\mathrm{im}(Y)$ も同様に $n-1$ 次元空間である.よって,Y は固有値 1 を多重度 $n-1$ で持つ. □

補題 4.2.1 と補題 4.2.2 および射影行列の性質より,任意のベクトル $x \in \mathbb{R}^E$ に対して,x に最も(ℓ_2 ノルムの意味で)近い電流は Yx である.

例 4.2.3 図 4.1 に対する電流到達行列は

$$Y = \begin{pmatrix} 0.727 & 0.273 & 0.182 & 0.091 & 0.273 & 0.091 \\ 0.273 & 0.727 & -0.182 & -0.091 & -0.273 & -0.091 \\ 0.182 & -0.182 & 0.545 & 0.273 & -0.182 & 0.273 \\ 0.091 & -0.091 & 0.273 & 0.636 & -0.091 & -0.364 \\ 0.273 & -0.273 & -0.182 & -0.091 & 0.727 & -0.091 \\ 0.091 & -0.091 & 0.273 & -0.364 & -0.091 & 0.636 \end{pmatrix}$$

と書ける.この行列の固有値を計算すると,固有値 1 を多重度 4 で,固有値 0 を多重度 2 で持つことが分かる.

4.3 エネルギーによる特徴付け

電流 $x \in \mathbb{R}^E$ のエネルギーを

$$\mathcal{E}(x) := \sum_{e \in E} x_e^2 = \|x\|_2^2$$

と定義する．これは対応する電位ベクトル $p \in \mathbb{R}^V$ を用いて

$$\sum_{e \in E} x_e^2 = \sum_{\{u,v\} \in E} (p_u - p_v)^2 = p^\top L p$$

と言い換えることもできる．電位は $\mathbf{1}$ の定数倍に関して恣意性があるが，どのように選んでもエネルギーは一定である．

以下の定理は，流量保存則を満たす任意の枝上のベクトル（フローと呼ぶ）のうち，最もエネルギーを小さくするものは電流であることを示している．

定理 4.3.1 ベクトル $b \in \mathbb{R}^V$ が $\langle b, \mathbf{1} \rangle = 0$ を満たすとする．このとき，b を外部電流としたときに得られる電流 $x \in \mathbb{R}^E$ は，b に対するフローの中でエネルギーを最小にする．すなわち

$$\mathcal{E}(x) = \min_{y:B^\top y = b} \mathcal{E}(y)$$

が成り立つ．

証明 $x = BL^\dagger b$ と書ける．よって

$$\mathcal{E}(x) = x^\top x = b^\top L^\dagger B^\top B L^\dagger b = b^\top L^\dagger b \tag{4.6}$$

が成り立つ．次に y を任意の流量保存則を満たす，すなわち $B^\top y = b$ を満たすベクトルとする．すると式 (4.6) より

$$\mathcal{E}(x) = b^\top L^\dagger b = y^\top B L^\dagger B^\top y = y^\top Y y$$

となる．補題 4.2.2 より，$Y \preceq I$ であるから，

$$\mathcal{E}(x) = y^\top Y y \leq y^\top y = \mathcal{E}(y)$$

である． $\square$

例 4.3.2 図 4.1 における電流のエネルギーは約 0.540 である．もし s から t にすべての電流を直接流すとそのときに消費されるエネルギーは 1 であるので，真の電流のほうが消費するエネルギーが小さくなっていることが分かる．

電流の以下の特徴付けも有用である．

補題 4.3.3 ベクトル $b \in \mathbb{R}^V$ が $\langle b, \mathbf{1} \rangle = 0$ を満たすとし，$p = L^\dagger b$, $x = Bp$

をそれぞれ b を外部電流としたときの電位ベクトル，電流とする．このとき以下が成り立つ．

- p は関数 $f(q) := 2q^\top b - q^\top Lq$ を最大化する．
- $f(p) = \mathcal{E}(x)$.

証明　まず一つ目の主張を示す．$f(q)$ は凹関数であるので，

$$\nabla f(q) = 2(b - Lq) = \mathbf{0}$$

が成り立つ $q \in \mathbb{R}^V$ は f を最大にする．p はこの条件を満たす．

次に二つ目の主張を示す．実際，

$$f(p) = 2p^\top b - p^\top Lp = 2p^\top Lp - p^\top Lp = p^\top Lp = \mathcal{E}(x)$$

である．　　　　　　　　　　　　　　　　　　　　　　　　　　　□

さて，ベクトル $x \in \mathbb{R}^E$ のエネルギー $\mathcal{E}(x)$ は ℓ_2 ノルムを用いて定義されていたが，他のノルム，例えば以下の ℓ_1 ノルム，を考えるのも自然である．

$$\|x\|_1 = \sum_{e \in E} |x_e|.$$

特に，ベクトル $b_{st} = \mathbf{1}_s - \mathbf{1}_t$ に対応するフローで ℓ_1 ノルムを最小にする x は，s と t の間を結ぶ最短路の特性ベクトルである．この考察から，ネットワーク解析においてそれまで最短路を考えていた問題を電流に置き換えるという試みがよくなされている．4.6 節では，頂点の中心性を電流を用いて定義したものを紹介する．

4.4　有効抵抗

3 章で，全域木で特定の枝が現れる確率は有効抵抗という値に等しいことを見た．そこでは枝の端点の間の有効抵抗しか考えなかったが，任意の二頂点の間の有効抵抗も自然に考えることができる．具体的には，二頂点 $s, t \in V$ 間の**有効抵抗** r_{st} を

$$r_{st} := b_{st}^\top L^\dagger b_{st}$$

と定義する．式 (4.2) より，r_{st} は s から t に 1 アンペアの電流を流したときの s と t の間の電位差と言い換えることができる．これはグラフ G 全体を s と t を端子に持つ回路として見たときの 2 点間の抵抗とみなすことができ，有効抵抗という名前はこの事実から名付けられている．また式 (4.6) より以下が成り立つ．

系 4.4.1　有効抵抗 r_{st} は，s から t に 1 アンペアの電流を流したときに回路

で消費されるエネルギーと等しい.

例 4.4.2　頂点 s と頂点 t の間を n 本の枝が直列に繋いでいるとすると（s と t も含めて $n+1$ 点からなる道になっている），$r_{st} = n$ である．頂点 s と頂点 t の間を n 本の枝が並列に繋いでいるとすると，$r_{st} = 1/n$ である.

　一般に有効抵抗が r_1 と r_2 の回路を直列に繋ぐとその端点の間の有効抵抗は $r_1 + r_2$ となり，並列に繋ぐとその端点の間の有効抵抗は $(r_1^{-1} + r_2^{-1})^{-1}$ となる.

　以下の節では有効抵抗の性質をいくつか紹介する．有効抵抗は全域木との関連に加えて 6 章で見るようにランダムウォークとも関連があり，有効抵抗の性質が分かれば，ランダムウォークの性質もより分かるようになる.

4.4.1　距離としての性質
　有効抵抗は以下の三角不等式を満たす.

補題 4.4.3（三角不等式）　以下が成り立つ.

$$r_{st} + r_{tu} \geq r_{su}.$$

証明　不等式の右辺を計算すると,

$$r_{su} = b_{su}^\top L^\dagger b_{su} = (b_{st} + b_{tu})^\top L^\dagger (b_{st} + b_{tu})$$
$$= b_{st}^\top L^\dagger b_{st} + b_{tu}^\top L^\dagger b_{tu} + 2 b_{st}^\top L^\dagger b_{tu} = r_{st} + r_{tu} + 2 b_{st}^\top L^\dagger b_{tu}$$

となる．このとき，最後の項が非正であることを示せばよい．t から u に 1 アンペアの電流を流したときの電位を $p \in \mathbb{R}^V$ とすると，$b_{st}^\top L^\dagger b_{tu} = p_s - p_t$ である．t は全頂点で最高の電位を持っているので $p_t \geq p_s$ であり，$b_{st}^\top L^\dagger b_{tu}$ は非正であることが分かる.　　　　　　□

　上記の補題より有効抵抗は頂点上の距離として用いることができ，4.6 節で見るようにネットワーク解析において活用されている．道の長さに基づく距離は，その道自体が距離の証拠となっており，ある意味で局所的に決まる量である．それに対して有効抵抗はグラフの大域的な性質で決まる量である．有効抵抗がグラフのどのような性質を反映しているかを理解するために，次小節では有効抵抗の上下限を調べる.

4.4.2　上下限
　有効抵抗に対して，互いに（カットする枝が）素なカットの列を利用した以下の下限が成り立つ.

補題 4.4.4　$s, t \in V$ を頂点，$S_1, S_2, \ldots, S_k$ を $s \in S_i, t \notin S_i$ を満たす頂点集

合とする．またすべての $1 \leq i < j \leq k$ で，$E(S_i, V \setminus S_i) \cap E(S_j, V \setminus S_j) = \emptyset$ とする．このとき

$$r_{st} \geq \sum_{i=1}^{k} \frac{1}{e(S_i, V \setminus S_i)}$$

が成り立つ．

証明　$x \in \mathbb{R}^E$ を s から t へ 1 アンペア流す電流とする．系 4.4.1 より，有効抵抗は x のエネルギーと言い換えることができるので，エネルギー $\mathcal{E}(x)$ が右辺以上であることを示す．$S_1, S_2, \ldots, S_k$ がなすカットは互いに素であるので，

$$\mathcal{E}(x) \geq \sum_{i=1}^{k} \sum_{e \in E(S_i, V \setminus S_i)} x_e^2$$

が成り立つ．よって，各 $i \in \{1, 2, \ldots, k\}$ に対して $\sum_{e \in E(S_i, V \setminus S_i)} x_e^2 \geq 1/e(S_i, V \setminus S_i)$ であることを示せばよい．

S_i は s と t を分離するので，s から t に 1 アンペアの電流が流れていることを考えると，$\sum_{e \in E(S_i, V \setminus S_i)} |x_e| \geq 1$ でなければならない．するとコーシー–シュワルツの不等式より

$$1 \leq \left(\sum_{e \in E(S_i, V \setminus S_i)} |x_e| \right)^2 \leq \sum_{e \in E(S_i, V \setminus S_i)} x_e^2 \cdot \sum_{e \in E(S_i, V \setminus S_i)} 1^2$$

$$= \sum_{e \in E(S_i, V \setminus S_i)} x_e^2 \cdot e(S_i, V \setminus S_i).$$

よって定理が成り立つ．　　　　　　　　　　　　　　　　　　　　　　　□

頂点集合 $S \subseteq V$ に対して，$N(S) = \bigcup_{v \in S} N(v) \setminus S$ を S に隣接する（S に含まれない）頂点の集合と定義する．次に s を中心に頂点集合 $V \setminus \{t\}$ を輪切りにしていく，つまり頂点集合 $S_1, S_2, \ldots, S_k$ を $s \in S_1$ かつ $S_i \cup N(S_i) \subseteq S_{i+1}$ となるように選んだとする．補題 4.4.4 は，輪切りの回数 k を多く，さらに輪切りする際にカットする枝の本数 $e(S_i, V \setminus S_i)$ が小さくできるとき，有効抵抗 r_{st} が大きくなることを示唆している．

また有効抵抗に対しては互いに疎な道を利用した次の上限が成り立つ．

補題 4.4.5　s と t の間に長さが l 以下の k 本の枝素な，すなわち枝を共有しない道があるとする．このとき

$$r_{st} \leq \frac{l}{k}$$

が成り立つ．

証明　$P_1, P_2, \ldots, P_k$ を s と t を結ぶ長さ l 以下の枝素な道とする．x を各 P_i の上で $1/k$ アンペアを流すフローとする．すると

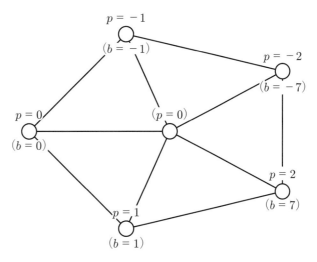

図 4.2 ディリクレ問題の例. p は電位の情報, b は外部電流の情報を表す. 周囲の
頂点の電位から, 括弧に書かれた情報を復元したい.

$$\mathcal{E}(x) \le \sum_{i=1}^{k} \sum_{e \in P_i} x_e^2 = \sum_{i=1}^{k} \sum_{e \in P_i} \frac{1}{k^2} \le \frac{kl}{k^2} = \frac{l}{k}.$$

であり, 定理 4.3.1 より s と t へ 1 アンペアの電流を流すときのエネルギー消
費は高々 l/k となる. 系 4.4.1 より, $r_{st} \le l/k$ が成り立つ. $\qquad\square$

 上記の補題は, s と t の間に短い道が多数あるときはその有効抵抗が小さく
なることを示唆している.

4.5　シューア補行列との関係

 次のような問題を考える. グラフ $G = (V, E)$ で表される電気回路があり,
(境界となる) 頂点集合 $\emptyset \subsetneq B \subsetneq V$ の各頂点 $v \in B$ に外部電流 b_v が流されて
いる. 今 B 中の各頂点 v の電位 p_v が与えられたときに, b_v を復元したい.

例 4.5.1 図 4.2 では, 車輪型のグラフの周囲の頂点の電位が与えられている.
ここから外部電流や内部の頂点の電位を復元したい.

 まず内部頂点集合 $S := V \setminus B$ における, 電位が満たすべき性質について考
察する. S 中の頂点 v には外部電流はないので $b_v = 0$ である. よって電位を
表すベクトルを $p \in \mathbb{R}^V$ とすると, $((D - A)p)_v = (Lp)_v = b_v = 0$ である
ので,

$$p_v = \frac{1}{d_v} \sum_{u \in N(v)} p_u$$

が成り立つ. これを p は v において**調和的**であると言う.

次に S 中の頂点 v の電位 p_v は一意に定まることを確認する.

補題 4.5.2（最大値原理） ベクトル $p \in \mathbb{R}^V$ が $S \subseteq V$ において調和的であるとする. このとき p が S 中の頂点で最大値もしくは最小値を取るのであれば, p は定数ベクトルである.

証明 最大値を取る S 中の点を $v \in S$ とする. p は v で調和的でかつ v で最大値を取るので, v に隣接する頂点 $u \in N(v)$ は $p_u = p_v$ を満たさなければならない. この議論を繰り返すことで, すべての $u \in V$ で $p_u = p_v$ となることが示せる.

最小値の議論も同様である. □

次が成り立つ.

補題 4.5.3 S 中の頂点の電位は一意に定まる.

証明 $p', p'' \in \mathbb{R}^V$ を, 任意の $v \in B$ において $p'_v = p''_v = p_v$ を満たし, S 中のすべての頂点において調和的なベクトルとする. すると $p' - p''$ も S において調和的なベクトルとなる. 補題 4.5.2 より, (i) $p' - p''$ は最大値を B 中の頂点で取るか, (ii) 定数関数であるか, のどちらかである. (i) の場合は, $p' - p''$ の値は境界 B において 0 であるので, $p' - p''$ の最大値は 0 である. (ii) の場合も, $p' - p''$ の最大値は 0 である.

同様にして最小値も 0 であるので, p' と p'' は一致する. □

$p_B \in \mathbb{R}^B$ を境界上の電位ベクトル, すなわち $(p_B)_v = p_v \ (v \in B)$ なるベクトルとする. このとき, 以下の定理が示すように, 外部電流はシューア補行列を用いて計算することができる.

定理 4.5.4 任意の $v \in B$ について $b_v = (L_B p_B)_v$ が成り立つ. ただし L_B はラプラシアン L の S に関するシューア補行列である. 具体的には, L を $(S \cup B) \times (S \cup B)$ 行列として

$$L = \begin{pmatrix} L_{SS} & L_{SB} \\ L_{BS} & L_{BB} \end{pmatrix}$$

と表したとき, $L_B = L_{BB} - L_{BS} L_{SS}^{-1} L_{SB}$ である.

証明 まず, $L_{SS} \in \mathbb{R}^{S \times S}$ が逆行列を持つことを示す. 任意の非ゼロのベクトル $x \in \mathbb{R}^S$ に対して,

$$x^\top L_{SS} x = \begin{pmatrix} x \\ 0 \end{pmatrix}^\top L \begin{pmatrix} x \\ 0 \end{pmatrix} > 0$$

が成り立つ. ここで $\begin{pmatrix} x \\ 0 \end{pmatrix}$ が $\mathbf{1}$ に直交しないことを利用した. よって L_{SS} は

正定値対称であり逆行列を持つ.

次に，$b_v = (L_B p_B)_v$ が任意の $v \in B$ で成り立つことを示す．$p_S = -L_{SS}^{-1} L_{SB} p_B$ と定義すると

$$L \begin{pmatrix} p_S \\ p_B \end{pmatrix} = \begin{pmatrix} L_{SS} & L_{SB} \\ L_{BS} & L_{BB} \end{pmatrix} \begin{pmatrix} p_S \\ p_B \end{pmatrix} = \begin{pmatrix} 0 \\ L_B p_B \end{pmatrix}$$

が成り立つ．これは p_S が S において調和的であるという条件を満たしていることを示している．補題 4.5.3 より，調和的なベクトルは一意であるので，p_S は S 中の頂点の電位を与える．さらに上記の式は，$L_B p_B$ が B における外部電流を表していることを示している． $\square$

定理 4.5.4 の $b = L_B p_B$ という関係に注目すると，あたかも L_B が B 上のグラフに対するラプラシアンのように振る舞っている．以下の定理は実際にこの直感が正しいことを示している．ここでは枝に重みの付いたグラフのラプラシアンを考える必要があり，枝 $e \in E$ の重みを w_e としたとき，対応するラプラシアンは $\sum_{e \in E} w_e L_e$ となる（L_e の定義は 2.2 節を参照）．

定理 4.5.5 ある頂点集合 B 上の重み付きグラフ H が存在して，L_B は H のラプラシアンである.

証明 補題 1.9.1 より，$S = V \setminus B$ が一点の場合に定理が示せれば，一般の場合も帰納的に示すことができる．よって以下では S が一点であると仮定する．L_B は対称行列であるので，L_B がラプラシアンであることを確認するには，(i) 非対角要素が非正であること，(ii) 行（もしくは列）の和が 0 になること，を確認すればよい.

元のラプラシアン L を

$$L = \begin{pmatrix} d_1 & w_{12} & \cdots & w_{1k} & \cdots & w_{1n} \\ w_{21} & d_2 & \cdots & w_{2k} & \cdots & w_{2n} \\ \vdots & \vdots & \ddots & \vdots & \ddots & \vdots \\ w_{k1} & w_{k2} & \cdots & d_k & \cdots & w_{kn} \\ \vdots & \vdots & & \vdots & & \vdots \end{pmatrix}$$

と書く．一列目の一行目以外を 0 にする行操作を施すと

$$\begin{pmatrix} d_1 & w_{12} & \cdots & w_{1k} & \cdots & w_{1n} \\ 0 & d_2 - \frac{w_{12}^2}{d_1} & \cdots & w_{2k} - \frac{w_{1k} w_{12}}{d_1} & \cdots & w_{2n} - \frac{w_{1n} w_{12}}{d_1} \\ \vdots & \vdots & \ddots & \vdots & \ddots & \vdots \\ 0 & w_{k2} - \frac{w_{12} w_{1k}}{d_1} & \cdots & d_k - \frac{w_{1k}^2}{d_1} & \cdots & w_{kn} - \frac{w_{1n} w_{1k}}{d_1} \\ \vdots & \vdots & & \vdots & & \vdots \end{pmatrix}$$

となる．この行列の 2 行 2 列目以降の行列が L_B である．

L において非対角要素が非正であるので，L_B においても非対角要素が非正であることが簡単に分かる．また L において各行の和は 0 であるから，L_B においても各行の和は 0 になる． $\qquad\square$

例 4.5.6 頂点 $n+1$ を中心とする $n+1$ 頂点の星グラフ $G = (V, E)$

$$V(G) = \{1, 2, \ldots, n+1\}, \quad E(G) = \{\{i, n+1\} : 1 \le i \le n\}$$

を考える．このグラフのラプラシアン L を頂点 $\{n+1\}$ に関してシューア補行列を取ると

$$I_n - \frac{\mathbf{1}\mathbf{1}^\top}{n+1} = \frac{1}{n+1} L_{K_n}$$

となる．ここで L_{K_n} は n 頂点からなる完全グラフのラプラシアンである．よって，星グラフの末端の頂点 $\{1, 2, \ldots, n\}$ に対して電流を流したり電圧をかけたりしたときの挙動を知りたいのであれば，完全グラフを考えればよいことが分かる．

4.6 電流中心性

3.3 節で紹介したように，グラフ上の頂点や枝の重要度を定式化したものを中心性と呼ぶ．グラフ上の道や距離を利用して定義される頂点の中心性の代表的なものとして媒介中心性と近接中心性が知られている．本節では，これらを電気回路的な概念を用いて定義し直したものを紹介する．

4.6.1 媒介中心性

頂点 $v \in V$ の**媒介中心性**は以下のように定義される．

$$\frac{1}{\binom{n-1}{2}} \sum_{\{s,t\} \in \binom{V \setminus \{v\}}{2}} \frac{\rho_{st}(v)}{\rho_{st}}.$$

ここで ρ_{st} は s と t の間の最短路の本数，$\rho_{st}(v)$ はそのうち v を通るものの本数である．媒介中心性は，（v を除く）ランダムな 2 頂点 s と t がその間のランダムな最短路を通じて情報を流すときに，頂点 v に情報が流れる（頂点 v が媒介する）確率とみなすことができる．

さて，媒介中心性の定義では最短路を利用していたが，これを電流に置き換えることを考えよう．まずグラフ $G = (V, E)$ に対して，頂点 $s \in V$ から $t \in V$ に対して 1 アンペアの電流を流したときの電流を $x \in \mathbb{R}^E$ とする．このとき，頂点 $v \in V$ の**スループット**を

 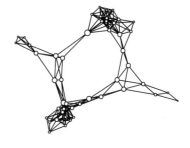

(a) 媒介中心性　　　　　　　　(b) 電流媒介中心性

図 4.3　媒介中心性.

$$\tau_{st}(v) := \frac{1}{2} \left(\sum_{e \in E : v \in e} |x_e| - \mathbf{1}[v \in \{s, t\}] \right)$$

と定義する．これは頂点 v の周りを流れる電流の総量である．もし s-t 間の最短路 P の特性ベクトル x' を使ってスループット $\tau'_{st}(v)$ を定義したなら，

$$\tau'_{st}(v) = \begin{cases} 1 & v \in P \setminus \{s, t\} \text{ のとき,} \\ 0 & \text{その他のとき} \end{cases}$$

となり，最短路が一意に存在してそれが P である場合の $\rho_{st}(v)$ に一致することが分かる．

さてスループットを用いて頂点 $v \in V$ の**電流媒介中心性**を

$$\frac{1}{\binom{n-1}{2}} \sum_{\{s,t\} \in \binom{V \setminus \{v\}}{2}} \tau_{st}(v)$$

と定義する．頂点 v の電流媒介中心性は，ランダムに選ばれた頂点 s と t が電流に基づいて情報を流しているときに，頂点 v がどれほどその通信を媒介しているかを表している．

図 4.3 に媒介中心性と電流媒介中心性を同じグラフに対して計算した例を示す．頂点の大きさが中心性の大きさを表現している．ただし比較のために，媒介中心性が最大の頂点と電流媒介中心性が最大の頂点の大きさが同じになるように正規化している．媒介中心性の特徴として，クラスタ中の頂点の中心性が一部を除いて非常に小さくなる．例えば左下や右上に存在するクラスタ中の頂点では，他の部分に移動する際に通過点となる頂点を除いて媒介中心性が非常に小さい．それに対して電流媒介中心性は，そのような頂点にもある程度大きな値を付与する．用途によってどちらが適切な中心性かを選ぶ必要がある．

4.6.2　近接中心性

頂点 $v \in V$ の**近接中心性**は以下のように定義される．

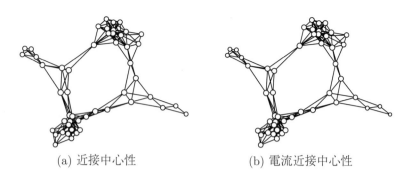

(a) 近接中心性   (b) 電流近接中心性

図 4.4 　近接中心性.

$$\frac{n-1}{\sum_{t \in V \setminus \{v\}} d(v,t)}.$$

ここで $d(v,t)$ は v と t の間の距離を表す．近接中心性は頂点 v がどれほど他の頂点と平均的に近いかを測っている．

　さて $p_{st}(v)$ を s から t に対して 1 アンペアの電流を流したときの頂点 v の電位とする．このとき，頂点 v の**電流近接中心性**を

$$\frac{n-1}{\sum_{t \in V \setminus \{v\}} (p_{vt}(v) - p_{vt}(t))} = \frac{n-1}{\sum_{t \in V \setminus \{v\}} r_{vt}}$$

と定義する．これは，頂点 v が有効抵抗の意味でどれほど他の頂点と平均的に近いかを測る指標であると言える．

　図 4.4 に近接中心性と電流近接中心性を同じグラフに対して計算した例を示す．図 4.3 と同様に，頂点の大きさが中心性の大きさを表現している．媒介中心性のときと異なり，両者に大きな違いは見えないので，計算のしやすさによってどちらを利用するかを決めればよい．

出典および関連する話題

　本章ではラプラシアンが電気回路に関する問題から自然に生じることを解説した．ラプラシアンや線形代数を用いた電気回路のより深い解析については [143], [144] が詳しい．

　有効抵抗の性質や，有効抵抗に関する量の最適化については [48] が詳しい．全頂点間の有効抵抗の総和 $r^{\text{tot}} := \sum_{\{s,t\} \in \binom{V}{2}} r_{st}$ は**キルヒホフ指数**とも呼ばれ，ラプラシアンの固有値 $\lambda_1 = 0 \leq \lambda_2 \leq \cdots \leq \lambda_n$ に対して，$r^{\text{tot}} = n \sum_{i=2}^{n} \lambda_i^{-1}$ となることが知られている[75]．本章で紹介した有効抵抗の上界（補題 4.4.4）は Nash-Williams により示された[101]．有効抵抗を求めるアルゴリズムも多くの研究があり[10], [41], [69], [109]，二点間の有効抵抗の $1 \pm \epsilon$ 近似は $\widetilde{O}(m \log \epsilon^{-1})$ 時間で[41]，すべての頂点間の有効抵抗の $1 \pm \epsilon$ 近似を $\widetilde{O}(\epsilon^{-1} n^2)$ 時間で求められることが分かっている[69]．ここで $\widetilde{O}(\cdot)$ は poly log n

や poly log m に関する因子を省略した記法である.

またラプラシアンは,機械学習における半教師あり学習においても利用されている[11].これは,グラフ $G = (V, E)$ の一部の頂点にラベル $l_v \in [-1, 1]$ が付いているときに,残りの頂点のラベルを予測する問題である.ラベルの付いた頂点集合を $L \subseteq V$ とすると,例えば

$$
\begin{aligned}
\text{minimize} \quad & \sum_{\{u,v\} \in E} (x_u - x_v)^2 \\
\text{subject to} \quad & x_v = l_v & \forall v \in L, \\
& x \in [-1, 1] & \forall v \in V \setminus L
\end{aligned}
$$

という問題を解き,x_v を予測ラベルとして使うことが考えられる.目的関数はラプラシアンを用いて $x^\top L x$ とも書ける.上記の最小化問題は,ラベルが与えられている頂点ではそのラベルをそのまま出力し,それ以外の頂点に対してはできるだけ隣接頂点間でラベルの変化が滑らかになるように予測を行っている.ラベル l_v を電位であると思うと,この問題は 4.5 節で解いている問題と本質的に同じである.

媒介中心性は [50] で提案され,様々なネットワークの解析に用いられている.その重要性から媒介中心性に対する様々な高速アルゴリズムが提案されている[20], [42], [60], [115], [140].電流媒介中心性は [51] において提案され,そのランダムウォークとの関連からランダムウォーク媒介中心性とも呼ばれている[103].近接中心性は [16] において提案された.実際の応用では非連結なグラフでも値が発散しないようにするために $\sum_{t \in V \setminus \{v\}} (1/d(v, t))$ という形の近接中心性を使うことが多く,この形の近接中心性に対しても多くのアルゴリズムが提案されている[38], [66].電流近接中心性は [127] において提案され,効率的に計算するアルゴリズムも知られている[21].

第 5 章
チーガー不等式とその周辺

　この章ではスペクトルグラフ理論の代表的な結果であるチーガー不等式とその周辺について解説する．チーガー不等式は，与えられたグラフがどの程度良いクラスタを持っているかを，その（正規化された）ラプラシアンの固有値・固有ベクトルを用いて評価する不等式である．例えば人と人を友人関係で結んでできるソーシャルネットワークなどでは，グラフの中からクラスタを見つけることで，人同士のコミュニティを見つけることができる．

　本章の内容は多岐にわたるため，簡単に概略を説明する．まず 5.1 節で，クラスタリングの質を評価する際に用いられる指標であるコンダクタンスやその亜種を導入する．次に 5.2 節では，チーガー不等式に用いられる「正規化された」隣接行列とラプラシアンについて説明する．5.3 節では，チーガー不等式とその証明を説明する．チーガー不等式は様々な亜種が知られている．まず 5.4 節で，正規化ラプラシアンの固有値を用いて，グラフがどれほど二部グラフに近い頂点集合があるかを調べられることを紹介する．次に 5.5 節では，三つ以上のクラスタへの分割に関するチーガー不等式を紹介する．議論を簡単にするため，本章においてもグラフは連結であると仮定する．

5.1　クラスタリング

　クラスタリングは決まった定義のある言葉ではないが，直感的には，グラフから少ない本数の枝を削除することでグラフを分割し，得られたそれぞれの部分に多くの頂点もしくは枝が残るようにすることを指す．得られたそれぞれの部分を**クラスタ**と呼ぶ．

　クラスタリングを理論的に扱うには数学的にクラスタリングの良さを測る指標が必要であるので，いくつかの定義を導入する．グラフ $G = (V, E)$ に対し，頂点集合 $\emptyset \subsetneq S \subsetneq V$ の（枝）**膨張率**とは

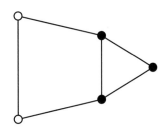

図 5.1　膨張率とコンダクタンス．白い二頂点からなる頂点集合の膨張率は $2/2 = 1$
　　　　であり，コンダクタンスは $2/4 = 1/2$ である．

$$\Phi(S) := \frac{e(S, V \setminus S)}{\min\{|S|, |V \setminus S|\}}$$

と定義される．分母で $|S|$ と $|V \setminus S|$ の最小値を取っているのは直感的ではな
いかもしれない．実際，最小値を取らずに定義した $e(S, V \setminus S)/|S|$ は S によ
りカットされる枝の本数と S の大きさの比を表しており，この値が小さければ
良いクラスタであるとみなせるように思われる．しかしこの値を小さくするだ
けであれば，$e(S, V \setminus S)$ の値にかかわらず $|S|$ を大きくすればよく，S のクラ
スタらしさを正しく反映しているとは言い難い．そこで S と $V \setminus S$ の小さい
ほうを考えることで，このような「ずる」ができないようにしている．

　次にグラフの（枝）**膨張率**を，頂点集合が取り得る最小の膨張率，すなわち

$$\Phi(G) := \min_{\emptyset \subsetneq S \subsetneq V} \Phi(S)$$

として定義する．

　膨張率では分母に頂点集合のサイズを用いたが，頂点集合が関与する枝の本
数を分母に用いることも考えられる．頂点集合 $S \subseteq V$ の**コンダクタンス**とは

$$\phi(S) := \frac{e(S, V \setminus S)}{\min\{\mathrm{vol}(S), \mathrm{vol}(V \setminus S)\}}$$

と定義される．ここで $\mathrm{vol}(S) := \sum_{v \in V} d_v$ は頂点集合 $S \subseteq V$ の**容積**である．
膨張率の場合と同様の理由により，分母で S と $V \setminus S$ の両方を考慮している．
グラフの**コンダクタンス**は

$$\phi(G) := \min_{\emptyset \subsetneq S \subsetneq V} \phi(S)$$

と定義される．グラフが d 正則な場合には，$\Phi(S) = d\phi(S)$ となり膨張率とコ
ンダクタンスは本質的に同じものであるが，一般にはこのような関係はない．
図 5.1 は膨張率とコンダクタンスの計算例である．

　グラフ G のコンダクタンス $\phi(G)$ が「大きい」とき（典型的には定数 $0 < c < 1$
に対して $\phi(G) > c$ のとき），G を**エキスパンダー**と呼ぶ．また，$\phi(S)$ が「小
さい」（典型的には $\phi(S) = o(n)$）とき，頂点集合 $S \subseteq V$ を**疎カット**と呼ぶ．

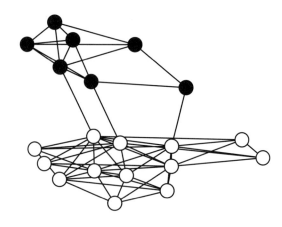

図 5.2 二つのクラスタへの分割.

例 5.1.1 図 5.2 はグラフの二つのクラスタへの分割の例である.黒い頂点からなる集合は容積が大きく,カットは小さくなっている.

コンダクタンスや膨張率を,枝ではなく,S に隣接する頂点の数を使って定義するのも自然であり,そのような場合のクラスタリングについては7章で詳しく解説する.

疎カットを効率的に見つけるアルゴリズムが存在すれば,与えられたグラフを再帰的に分割することで,クラスタリングを行うことができる.しかしグラフの膨張率やコンダクタンスの計算は NP 困難であり,これらの指標を最小にするカットを見つけることは難しい.しかしこれらの指標はグラフのラプラシアンの固有値を用いて近似することができることが知られており,特にコンダクタンスとの関係はチーガー不等式として知られている.チーガー不等式を説明するためには次節で紹介する正規化されたラプラシアンが必要になる.

5.2 正規化された隣接行列とラプラシアン

補題 2.7.1 より,グラフ G の隣接行列 A のスペクトルは,最大次数 Δ を用いて

$$\Delta \geq \alpha_1 \geq \alpha_2 \geq \cdots \geq \alpha_n \geq -\Delta$$

と書ける.よって固有値とグラフのパラメータを関連付けようとすると,一般的には最大次数 Δ が現れてしまう.この依存をなくすために,以下の正規化された行列を考える.

定義 5.2.1（正規化隣接行列,正規化ラプラシアン）　$G = (V, E)$ を孤立点のないグラフとする.G の正規化隣接行列 $\mathcal{A} \in \mathbb{R}^{V \times V}$ は

$$\mathcal{A} := D^{-1/2} A D^{-1/2}$$

と定義される．ここで $D \in \mathbb{R}^{V \times V}$ は G の次数行列，$A \in \mathbb{R}^{V \times V}$ は G の隣接行列である．

同様に，G の**正規化ラプラシアン** $\mathcal{L} \in \mathbb{R}^{V \times V}$ は

$$\mathcal{L} := D^{-1/2} L D^{-1/2} = I - \mathcal{A}$$

と定義される．ここで $L \in \mathbb{R}^{V \times V}$ は G のラプラシアンである．

本節では正規化された行列の固有値に興味があるため，$\alpha_1 \geq \alpha \geq \cdots \geq \alpha_n$ と $\lambda_1 \leq \lambda_2 \leq \cdots \leq \lambda_n$ を，それぞれ $\mathcal{A}$ と $\mathcal{L}$ の固有値とする．$\mathcal{L} = I - \mathcal{A}$ であるため，$\lambda_i = 1 - \alpha_i$ $(1 \leq i \leq n)$ という関係がある．これらの固有値は以下のような上下限を持つ．

補題 5.2.2 以下が成り立つ．

$$1 = \alpha_1 \geq \alpha_2 \geq \cdots \geq \alpha_n \geq -1,$$
$$0 = \lambda_1 \leq \lambda_2 \leq \cdots \leq \lambda_n \leq 2.$$

証明 最初に $\lambda_1 = 0$ であることを示す．ベクトル $x \in \mathbb{R}^V$ を $x_v = \sqrt{d_v}$ $(v \in V)$ と定義する．すると

$$\mathcal{L}x = D^{-1/2} L D^{-1/2} x = D^{-1/2} L \mathbf{1} = D^{-1/2} \mathbf{0} = \mathbf{0} = 0 \cdot x.$$

となり，0 が $\mathcal{L}$ の固有値であることが分かる．また $\mathcal{L}$ は半正定値対称であるので，$\lambda_1 = 0$ となる．また，$\alpha_1 = 1 - \lambda_1 = 1$ であることも分かる．

次に $\alpha_n \geq -1$ であることを示す．まず以下より $D + A$ が半正定値対称であることが分かる．

$$x(D + A)x = \sum_{v \in V} d_v x_v^2 + 2 \sum_{\{u,v\} \in E} x_u x_v = \sum_{\{u,v\} \in E} (x_u + x_v)^2 \geq 0.$$

すると $D^{-1/2}(D + A)D^{-1/2} = I + \mathcal{A}$ も同様に半正定値対称となる．これは $1 + \alpha_i \geq 0$ $(1 \leq i \leq n)$ であることを意味するので，$\alpha_n \geq -1$ となる．また，$\alpha_i = 1 - \lambda_i$ より，$\lambda_n \leq 2$ が従う． $\square$

5.3 チーガー不等式

本節では，正規化ラプラシアンの固有値とコンダクタンスを関連付ける**チーガー不等式**について解説する．

定理 5.3.1（チーガー不等式） グラフ $G = (V, E)$ に対し，λ_2 を G の正規化ラプラシアン $\mathcal{L}$ の第二固有値とする．このとき，以下が成り立つ．

$$\frac{\lambda_2}{2} \leq \phi(G) \leq \sqrt{2\lambda_2}.$$

固有値 λ_2 は多項式時間で計算できるため，チーガー不等式は $\phi(G)$ を近似するためのアルゴリズムを与えている．さらに右側の不等式は構成的であり，コンダクタンスが $O(\sqrt{\lambda_2})$ である集合 $S \subseteq V$ を多項式時間で計算することができる．

2.6 節では $\lambda_2 = 0$ であることがグラフが非連結であることと同値であることを見た．チーガー不等式はこれをさらに定量的に表現したものであり，λ_2 が 0 に近いほど（コンダクタンスが小さいという意味で）非連結に近い，またその逆も成り立つことを示している．

またチーガー不等式を利用することで，グラフがエキスパンダーである，すなわち $\phi(G) = \Omega(1)$ であるかを多項式時間で確認することができる．

チーガー不等式は両側ともにタイトであることが以下の例で確認できる．

例 5.3.2（閉路グラフ） 例 2.3.3 で見たように，n 頂点の閉路グラフ C_n のラプラシアンの第二固有値は $2 - 2\cos(\pi/n)$ である．C_n は 2 正則であるので，その正規化ラプラシアンの第二固有値は $1 - \cos(\pi/n) = O(1/n^2)$ となる．それに対し，C_n のコンダクタンスは閉路を等しい大きさに二分割することで得られる $\Omega(1/n)$ であり，$\phi(C_n) = \Omega(\sqrt{\lambda_2})$ であることが分かる．

例 5.3.3（超立方体グラフ） 例 2.3.4 で見たように，d 次元超立方体グラフ H_d の第二固有値は 2 であり，H_d は d 正則であるので，その正規化ラプラシアンの第二固有値は $2/d = \Omega(1/d)$ となる．それに対し，H_d のコンダクタンスは超立方体を半分（例えば $\{x \in \{0,1\}^d : x_i = 0\}$ とその補集合など）に分割して得られる $O(1/d)$ であり，$\phi(H_d) = O(\lambda_2)$ であることが分かる．

本節では簡単のためにグラフは d 正則であると仮定してチーガー不等式（定理 5.3.1）を証明するが，証明を一般の場合に拡張することは難しくない．この仮定のもとでは，$\mathrm{vol}(S) \le \mathrm{vol}(V \setminus S)$ という制約は，$|S| \le |V|/2$ という制約に置き換えることができる．

5.3.1 左側の不等式

本小節ではチーガー不等式の二つの不等式のうち，示すのが簡単な左側の不等式を証明する．

まず正規化ラプラシアンの固有値 λ_2 はクーラン–フィッシャーの定理（補題 1.2.2）より，

$$\lambda_2 = \min_{x \in \mathbb{R}^V : x \perp 1} \frac{x^\top \mathcal{L} x}{x^\top x} = \min_{x \in \mathbb{R}^V : x \perp 1} \frac{\sum_{\{u,v\} \in E}(x_u - x_v)^2}{d \sum_{u \in V} x_u^2}$$

とレイリー商を用いて書き直せる．以下の補題は，コンダクタンスもレイリー商を用いて表現できることを示している．

補題 5.3.4 $G = (V, E)$ を d 正則なグラフとする．このとき

$$\phi(G) = \min_{x \in \{0,1\}^n, \sum_{u \in V} x_u^2 \le n/2} \frac{\sum_{\{u,v\} \in E} (x_u - x_v)^2}{d \sum_{u \in V} x_u^2}$$

が成り立つ.

証明 $|S| \le n/2$ なる頂点集合 $S \subseteq V$ に対して，その特性ベクトル $x = \mathbf{1}_S$ を考えると，$\sum_{u \in V} x_u^2 \le n/2$ という制約を満たしているので，$\mathbf{1}_S$ は実行可能解である．目的関数の分子は $e(S, V \setminus S)$ であり，分母は $d|S|$ であるので，目的関数は S のコンダクタンスに一致する． □

コンダクタンス $\phi(G)$ を計算する際は $\{0,1\}$ ベクトルの上で最適化しているのに対し，固有値 λ_2 を計算する際は実数ベクトルの上で最適化している．これは前者の緩和問題として後者を解いているとみなすことができる．後者では解の領域を広げているので，後者の最適値，すなわち λ_2 は，前者の最適値，すなわち $\phi(G)$ より小さくなることが期待できる．実際には制約が若干異なるため，$\lambda_2 \le 2\phi(G)$ という関係が成り立つ．

チーガー不等式の左側の証明 グラフ G のコンダクタンスを達成する頂点集合，すなわち $\phi(S) = \phi(G)$ なる頂点集合 $S \subseteq V$ を選ぶ．ベクトル $x \in \mathbb{R}^V$ を

$$x_v = \begin{cases} \dfrac{1}{|S|} & v \in S \text{ のとき}, \\ -\dfrac{1}{|V \setminus S|} & \text{その他のとき} \end{cases}$$

と選ぶ．$\sum_{v \in V} x_v = 0$ より，x は第一固有ベクトル $\mathbf{1}$ に直交することが分かる．クーラン–フィッシャーの定理（補題 1.2.2）より，

$$\lambda_2 \le \frac{x^\top \mathcal{L} x}{x^\top x} = \frac{\sum_{\{u,v\} \in E} (x_u - x_v)^2}{d \sum_{v \in V} x_v^2}$$

$$= \frac{e(S, V \setminus S) \cdot \left(\frac{1}{|S|} + \frac{1}{|V \setminus S|} \right)^2}{d \left(|S| \cdot \frac{1}{|S|^2} + |V \setminus S| \cdot \frac{1}{|V \setminus S|^2} \right)} = \frac{e(S, V \setminus S) \cdot |V|}{d|S||V \setminus S|}$$

$$\le \frac{2e(S, V \setminus S)}{\min\{|S|, |V \setminus S|\}} = 2\phi(S)$$

が成り立つ．最後の不等式では $2|S||V \setminus S|/|V| \ge \min\{|S|, |V \setminus S|\}$ を用いた． □

5.3.2 右側の不等式

次に，右側の不等式を証明する．補題 5.3.4 で見たように，コンダクタンス $\phi(G)$ はレイリー商を離散領域で最適化したものであるとみなせる．領域を連続緩和して得られるものが λ_2 であるが，対応する固有ベクトル $x \in \mathbb{R}^V$ は当然実数ベクトルである．右側の不等式の証明では，このベクトル x からあまり

図 5.3　λ_2 に対応する固有ベクトルを用いた頂点の 1 次元への埋め込み.（上）元グラフ（下）1 次元への埋め込み. 埋め込みにおいては，二つのクラスタ間の距離が大きく空いていることが分かる.

レイリー商の値を悪化させずに $\{0,1\}$ の値を取るベクトルを作る必要がある.

λ_2 に対応する固有ベクトル $x \in \mathbb{R}^V$ を，頂点の 1 次元の直線上への埋め込みとみなすことにする. この埋め込みは枝 $\{u,v\} \in E$ のコスト $(x_u - x_v)^2$ が枝に関して平均的に小さくなるように作られている. この埋め込みから頂点集合を得る自然な方法は「閾値丸め」を使うことである. すなわち，閾値 t を定め，頂点を $\{u : x_u < t\}$ と $\{u : x_u \geq t\}$ に分割する（図 5.3）.

証明は二つのステップからなる. 最初のステップでは第二固有ベクトルの正の部分にだけ注目してもレイリー商が悪化しないことを示す. ベクトル $x \in \mathbb{R}^V$ に対して，ベクトル $x^+, x^- \in \mathbb{R}^V$ を

$$x_v^+ = \begin{cases} x_v & v \in V \text{ が } x_v \geq 0 \text{ を満たすとき,} \\ 0 & \text{その他のとき,} \end{cases}$$

$$x_v^- = \begin{cases} x_v & v \in V \text{ が } x_v \leq 0 \text{ を満たすとき,} \\ 0 & \text{その他のとき} \end{cases}$$

と定義する. レイリー商を $R(x) := x^\top \mathcal{L} x / x^\top x$ と表すことにすると，以下が成り立つ.

補題 5.3.5　ベクトル $x \in \mathbb{R}^V$ を $\mathcal{L}$ の第二固有ベクトルとする. このとき $R(x^+) \leq R(x) = \lambda_2$ かつ $R(x^-) \leq R(x) = \lambda_2$ が成り立つ.

証明　任意の $x_u^+ > 0$ なる $u \in V$ に対して,

$$(\mathcal{L}x^+)_u = x_u^+ - \frac{1}{d} \sum_{v \in N(u)} x_v^+ \leq x_u - \frac{1}{d} \sum_{v \in N(u)} x_v = (\mathcal{L}x)_u = \lambda_2 x_u$$

が成り立つ. よって

$$(x^+)^\top \mathcal{L} x^+ = \sum_{v \in V} x_v^+ (\mathcal{L} x^+)_v \leq \sum_{v:x_v^+ \geq 0} \lambda_2 x_v^2 = \sum_{v \in V} \lambda_2 (x_v^+)^2$$

が成り立つ. x^- に対しても同様である. □

系 5.3.6 ある非負ベクトル $x \in \mathbb{R}^V$ が存在して, $R(x) \leq \lambda_2$ かつ $|\mathrm{supp}(x)| \leq n/2$ が成り立つ.

証明 固有値 λ_2 に対応するベクトル x を考え, x^+ と $-(x^-)$ のうち, $|\mathrm{supp}(x)| \leq n/2$ なほうを選べばよい. □

証明の二つ目のステップでは, 各要素が非負のベクトルから, コンダクタンスがそのレイリー商と同程度の集合が得られることを示す.

補題 5.3.7 任意の非負ベクトル $y \in \mathbb{R}^V$ に対して, ある集合 $S \subseteq \mathrm{supp}(y)$ が存在して $\phi(S) \leq \sqrt{2R(y)}$ が成り立つ.

証明 $R(y)$ の値は y を定数倍することに対して不変であるので, 任意の $v \in V$ で $0 \leq y_v \leq 1$ であると仮定してよい. $t \in (0,1]$ をランダムに選び, $S_t := \{v \in V : y_v^2 \geq t\}$ と置く. $S_t \subseteq \mathrm{supp}(y)$ である. すると

$$\mathop{\mathbf{E}}_t[e(S_t, V \setminus S_t)] = \sum_{\{u,v\} \in E} \Pr[\text{枝 } \{u,v\} \text{ が } S_t \text{にカットされる}]$$

$$= \sum_{\{u,v\} \in E} \Pr[\min\{y_u^2, y_v^2\} < t \leq \max\{y_u^2, y_v^2\}]$$

$$= \sum_{\{u,v\} \in E} |y_u^2 - y_v^2| = \sum_{\{u,v\} \in E} |y_u - y_v||y_u + y_v|$$

$$\leq \sqrt{\sum_{\{u,v\} \in E} (y_u - y_v)^2} \sqrt{\sum_{\{u,v\} \in E} (y_u + y_v)^2}$$

$$(\text{コーシー–シュワルツの不等式より})$$

$$\leq \sqrt{\sum_{\{u,v\} \in E} (y_u - y_v)^2} \sqrt{\sum_{\{u,v\} \in E} 2(y_u^2 + y_v^2)}$$

$$\leq \sqrt{\sum_{\{u,v\} \in E} (y_u - y_v)^2} \sqrt{2d \sum_{v \in V} y_v^2}$$

$$= \sqrt{2R(y) \cdot d \sum_{v \in V} y_v^2}$$

が成り立つ. また

$$\mathop{\mathbf{E}}_t |S_t| = \sum_{v \in V} \Pr[y_v^2 \geq t] = \sum_{v \in V} y_v^2$$

である. 両者を合わせると

$$\frac{\mathbf{E}_t[e(S_t, V \setminus S_t)]}{\mathbf{E}_t[d|S_t|]} \leq \sqrt{2R(y)}$$

アルゴリズム 5.1: チーガー不等式に基づく疎カットの計算

---

1 Procedure $CheegerCut(G=(V,E))$

2 $\mathcal{L}$ の第二固有値に対応する固有ベクトル $x \in \mathbb{R}^V$ を計算する;

3   頂点を $x_1 \geq x_2 \geq \cdots \geq x_n$ となるように並べ替える;

4   各 $i \in \{1,2,\ldots,n-1\}$ に対して $S_i = \{1,2,\ldots,i\}$ と定義;

5 $\phi(S_i)$ が最小になるような S_i を出力

となる．よって，ある $t \in [0,1]$ が存在して，$\frac{e(S_t, V \setminus S_t)}{d|S_t|} \leq \sqrt{2R(y)}$ である[*1]．□

チーガー不等式の右側の証明 系 5.3.6 と補題 5.3.7 を組み合わせることにより得られる．□

補題 5.3.7 の証明は構成的であり，アルゴリズム 5.1 を用いることで，コンダクタンスが $O(\sqrt{\lambda_2})$ であるような集合を多項式時間で計算することができる．証明では閾値 t をランダムに選んで S_t を構成しているが，実際にはアルゴリズム中で定義されている集合 $S_1, S_2, \ldots, S_{n-1}$ だけを考えればよい．

本節の証明は補題 5.3.5 を利用しているため，第二固有ベクトルからしか小さいコンダクタンスの集合を構築できない．しかし実際には，アルゴリズム 5.1 の中で第二固有ベクトルの代わりに任意のベクトル $x \in \mathbb{R}^V$ を利用することで，コンダクタンスが $O(\sqrt{R(x)})$ なる集合を得ることができることが知られている．よって固有ベクトルを正確に計算できない場合でも，その近似が得られれば良いクラスタが計算できる．

5.4 最大固有値と二部グラフ性

チーガー不等式は，正規化ラプラシアンの第二固有値 λ_2 とグラフのコンダクタンスに関する不等式であった．本節では逆に最大固有値 λ_n に着目し，それが二部グラフとの近さをある意味で表していることを見る．まず $2 - \lambda_n$ は以下のように書き直すことができる．

命題 5.4.1 $G = (V,E)$ をグラフとし，λ_n をその正規化ラプラシアンの最大固有値とする．このとき

$$2 - \lambda_n = \min_{x \neq \mathbf{0}} \frac{\sum_{\{u,v\} \in E}(x_u + x_v)^2}{\sum_{v \in V} d_v x_v^2}$$

が成り立つ．

証明 クーラン–フィッシャーの定理（補題 1.2.2）より，

[*1] 背理法で証明できる．

$$\lambda_n = \max_{x \neq \mathbf{0}} \frac{x^\top \mathcal{L} x}{x^\top x} = \max_{x \neq \mathbf{0}} \frac{x^\top (I - D^{-1/2} A D^{-1/2}) x}{x^\top x}$$

$$= \max_{x \neq \mathbf{0}} \frac{(D^{1/2} x)^\top (I - D^{-1/2} A D^{-1/2})(D^{1/2} x)}{(D^{1/2} x)^\top (D^{1/2} x)}$$

$$= \max_{x \neq \mathbf{0}} \frac{x^\top (D - A) x}{x^\top D x}.$$

よって

$$2 - \lambda_n = 2 - \max_{x \neq \mathbf{0}} \frac{x^\top (D - A) x}{x^\top D x} = \min_{x \neq \mathbf{0}} \frac{x^\top (D + A) x}{x^\top D x}$$

$$= \min_{x \neq \mathbf{0}} \frac{\sum_{\{u,v\} \in E}(x_u + x_v)^2}{\sum_{v \in V} d_v x_v^2}$$

が成り立つ. □

定理 2.8.1 により，グラフ G が二部グラフであることと，その隣接行列のスペクトルが原点対称であることは同値であった．正規化ラプラシアンを用いても二部グラフな連結成分を持つことの特徴付けを行うことができる.

定理 5.4.2 $G = (V, E)$ をグラフとし，λ_n をその正規化ラプラシアンの最大固有値とする．G が二部グラフの連結成分を持つ必要十分条件は $\lambda_n = 2$ であることである.

証明 もし G が二部グラフの連結成分 $L \cup R \subseteq V$ を持つとする．ベクトル $x \in \mathbb{R}^V$ を

$$x_v = \begin{cases} -\sqrt{d_v} & v \in L \text{ のとき,} \\ \sqrt{d_v} & v \in R \text{ のとき,} \\ 0 & \text{その他のとき} \end{cases}$$

と定義する．すると $u \in L$ に対して

$$(\mathcal{L}x)_u = x_u - (D^{-1/2} A D^{-1/2} x)_u = x_u - \sum_{v \in N(u)} \frac{1}{\sqrt{d_u d_v}} x_v$$

$$= -\sqrt{d_u} - \sqrt{d_u} = -2\sqrt{d_u} = 2x_u$$

となる．同様にして $u \in R$ に対しても $(\mathcal{L}x)_u = 2x_u$ となり，x は固有値 2 に対応する固有ベクトルであることが分かる．$\mathcal{L}$ の固有値の最大値は 2 であるから，$\lambda_n = 2$ である.

次に $\lambda_n = 2$ とし，対応する固有ベクトルを $x \in \mathbb{R}^V$ とする．$x_u \neq 0$ なる頂点 $u \in V$ を含む連結成分を $S \subseteq V$ とする．$\lambda_n = 2$ であることから，命題 5.4.1 より $\sum_{\{u,v\} \in E}(x_u + x_v)^2 = 0$ が成り立つ．$L = \{u \in S : x_u < 0\}$, $R = \{u \in S : x_u > 0\}$ とすると，L の中に枝は存在せず，R の中にも枝は存在しない．よって S は二部グラフである． □

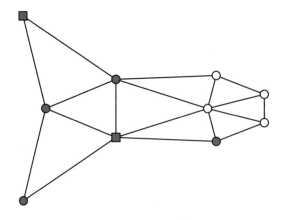

図 5.4　二部比の計算例. 灰色の丸からなる頂点集合と灰色の四角からなる頂点集合
の二部比は $9/21 \approx 0.429$ である.

次に λ_n が 2 ではないが 2 に近い場合を考える. G がどれほど二部グラフら
しい部分グラフを含んでいるかという指標として以下の二部比を考える.

定義 5.4.3（二部比）　$G = (V, E)$ をグラフとする. G のベクトル $x \in$
$\{-1, 0, 1\}^V$ における**二部比**を

$$\beta(x) = \frac{\sum_{\{u,v\} \in E} |x_u + x_v|}{\sum_{i \in V} d_v |x_v|}$$

と定義する. G の**二部比**を

$$\beta(G) = \min_{x \in \{-1,0,1\}^V} \beta(x)$$

と定義する.

上ではベクトル $x \in \{-1, 0, 1\}^V$ に対して二部比を定義した. x から
$L = \{v \in V : x_v = -1\}$, $R = \{v \in V : x_v = 1\}$ と頂点集合のペアを作
ることができる. このとき

$$\beta(x) = \frac{e(L \cup R, V \setminus (L \cup R)) + 2|E(G[L])| + 2|E(G[R])|}{\mathrm{vol}(L \cup R)}$$

となる. この値を頂点集合のペア (L, R) の**二部比**と呼ぶことにする. これは
$L \cup R$ の外に出る枝には 1 のペナルティを, L の中および R の中の枝には 2
のペナルティを課し, それを $L \cup R$ の容積で割って正規化している. よって
$\beta(G)$ が小さいということは, 内部的には二部グラフらしく, 外部との繋がり
が薄い頂点集合が存在することを示唆している.

例 5.4.4　図 5.4 では, グラフから部分グラフ $L \cup R$ を切り出している. 灰色
の丸が頂点集合 L を灰色の四角が頂点集合 R を表している. 二部比の分子は
9, 分母は 21 であり, 二部比は $9/21 \approx 0.429$ となる.

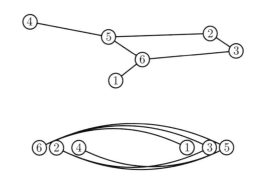

図 5.5　λ_n に対応する固有ベクトルを用いた頂点の 1 次元への埋め込み．（上）元グラフ（下）1 次元への埋め込み．

二部比と最大固有値に対して，チーガー不等式（定理 5.3.1）と類似した以下の不等式が成り立つ．

定理 5.4.5　$G = (V, E)$ をグラフとし，λ_n をその正規化ラプラシアンの最大固有値とする．このとき以下が成り立つ．

$$\frac{1}{2}(2 - \lambda_n) \le \beta(G) \le \sqrt{2(2 - \lambda_n)}.$$

定理 5.4.5 の証明はチーガー不等式の証明と似ているので詳細は省略するが，左側の不等式は $\beta(G)$ を達成する $x \in \mathbb{R}^V$ の存在を用いて簡単に証明できる．右側の不等式では，λ_n に対応する固有ベクトル x と閾値 t を用いて，$L_t = \{v \in V \mid x_v \ge \sqrt{t}\}$ と $R_t = \{v \in V \mid x_v \le -\sqrt{t}\}$ という二つの集合を作り，ある t において (L_t, R_t) から得られる二部比が小さくなることを示すことで証明する．

例 5.4.6　図 5.5 では，二部グラフを λ_n に対応する固有ベクトルを用いて頂点を 1 次元空間に埋め込んでいる．頂点集合 $\{1, 3, 5\}$ と $\{2, 4, 6\}$ が上手く分離できていることが分かる．

定理 5.4.5 の右側の不等式は，λ_n が 2 に近ければ，グラフの中に二部グラフらしい部分があると主張しているだけであり，グラフ全体が二部グラフであるとまでは主張していない．グラフ全体が二部グラフに近いことを確認するには，定理 5.4.5 で得られた二部比の小さい頂点ペア (L, R) を取り除いた後のグラフに再度議論を適用するなどの工夫が必要になる．

5.5　高階チーガー不等式

5.3 節では λ_2 を用いて，5.4 節では λ_n を用いてグラフの性質を導いた．このことから，$k \ge 3$ に対しても λ_k を用いてグラフの性質を得ることはできないかと期待するのは自然である．

チーガー不等式はグラフの二分割に関する不等式であったが，本節ではグラフから k 個の良いクラスタを取り出すことを考える．まずコンダクタンスを拡張して，k 分コンダクタンスを

$$\phi_k(G) = \min_{\substack{S_1,S_2,\ldots,S_k \subseteq V : \\ S_i \cap S_j = \emptyset \ (\forall i \neq j)}} \max_{1 \leq i \leq k} \phi(S_i)$$

と定義する．これは互いに素な k 個の頂点集合を，その最大のコンダクタンスが最小になるように取り出したときの値である．k 分コンダクタンスが小さければ，グラフ中に良いクラスタが少なくとも k 個含まれていると言える．

このとき以下が成り立つ．

定理 5.5.1（高階チーガー不等式） 任意のグラフ G と正整数 k に対して，

$$\frac{\lambda_k}{2} \leq \phi_k(G) \leq \mathrm{poly}(k)\sqrt{\lambda_k}$$

が成り立つ．ここで $\mathrm{poly}(k)$ は k の多項式である．

あるある k が存在して，$\lambda_1, \lambda_2, \ldots, \lambda_k$ は小さく λ_{k+1} は大きいとする．このとき高階チーガー不等式より，$\phi_k(G)$ は小さく，$\phi_{k+1}(G)$ は大きい．つまり，グラフから k 個の良いクラスタを取り出すことはできるが，$k+1$ 個は取り出すことができない．このことから，高階チーガー不等式を用いることで，グラフ中の良いクラスタの個数を見積もり，それを実際に取り出すことができることが分かる．

元のチーガー不等式（定理 5.3.1）と同様に，左側の不等式を証明することは易しい．具体的には $\phi_k(G)$ を達成する互いに素な頂点集合 $S_1, S_2, \ldots, S_k \subseteq V$ を選び，その特性ベクトルを考えることで λ_k の上限を示せばよい．そこで以降は，より難しい右側の不等式について議論する．ただし数学的に正確な証明を行うと，細かいパラメータの調整が必要になり本筋が分かりにくくなるので，ここでは大まかな議論を行うに留める．また 5.3 節と同様に，グラフは d 正則であると仮定して議論を行う．

5.5.1 スペクトル埋め込み

λ_k が小さいとき，互いに直交する k 個の固有ベクトル $x_1, x_2, \ldots, x_k \in \mathbb{R}^V$ で対応する固有値が小さいものが存在する．これらのベクトルに対して個別にチーガー不等式を適用することで，コンダクタンスの小さい集合 $S_1, S_2, \ldots, S_k$ を得ることができる．元々直交するベクトルから作られた集合であるので，$S_1, S_2, \ldots, S_k$ は何らかの意味で「遠い」ことが期待される．しかし $S_1, S_2, \ldots, S_k$ から，コンダクタンスの小さい互いに素な集合を k 個作るのは自明ではない．

そこで $x_1, x_2, \ldots, x_k$ から独立に集合を作るのではなく，同時に利用するこ

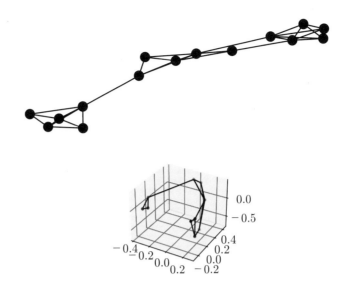

図 5.6　3 次元のスペクトル埋め込み．（上）元グラフ，（下）3 次元への埋め込み．

とを考える．元のチーガー不等式（の右側）の証明では，頂点を固有ベクトルを利用して数直線上に埋め込み，その上で閾値を設定することで，V を二つの頂点集合に分割していた．今回は k 個の頂点集合に分割したいので，頂点を埋め込む空間の次元を上げるのが自然である．そこで 2.5 節で述べたスペクトル埋め込みを k 次元に拡張する．行列 $P \in \mathbb{R}^{V \times k}$ を，i 列目に i 番目の固有ベクトル x_i を並べてできる行列とする．次に頂点 $v \in V$ に対して，$p_v \in \mathbb{R}^k$ を P の v に対応する行を取り出したベクトルとする．写像 $\Psi : v \mapsto p_v$ は頂点の k 次元空間への埋め込みとみなすことができ，これを（k 次元の）**スペクトル埋め込み**と呼ぶ．

例 5.5.2　図 5.6 はグラフを 3 次元に埋め込んだ例である．分かりやすさのために埋め込み後の図においてもグラフの枝も描画している．グラフには緩く繋がっている三つのクラスタがあるが，それらが 3 次元上空間でも遠い場所に配置されている．

　実用的には，スペクトル埋め込みを行った上で，ユークリッド空間上のクラスタリング手法[*2]を適用して分割を行うことが多い．しかしこれらのクラスタリング手法が与える頂点分割が，元のグラフにおいて小さいコンダクタンスを与えるとは限らない．それに対して高階チーガー不等式は，コンダクタンスに理論保証のある分割を与えてくれる．

　さて，スペクトル埋め込みがクラスタリングを行うのに有用であるためには，埋め込まれた頂点たちがある意味でばらついている必要がある．その一つの確認として，固有ベクトルの直交性を利用することで，スペクトル埋め込み

---

*2)　例えば k 平均法など[92]．

の等方性を示す.

補題 5.5.3 任意の $x \in \mathbb{R}^k$ に対して, $\sum_{v \in V} \langle x, p_v \rangle^2 = \|x\|^2$ が成り立つ.

証明 $P^\top P = I$ であるので,

$$\sum_{v \in V} \langle x, p_v \rangle^2 = \sum_{v \in V} x^\top p_v p_v^\top x = x^\top \left(\sum_{v \in V} p_v p_v^\top \right) x = x^\top P^\top P x = \|x\|^2. \quad \square$$

5.5.2 クラスタの質量

頂点 $v \in V$ の**質量**を $\|p_v\|^2$ と定義する. スペクトル埋め込みに使用した固有ベクトルを $x_1, x_2, \ldots, x_k$ とすると, $\sum_{v \in V} \|p_v\|^2 = \sum_{i=1}^k \|x_i\|^2 = k$ であるので, 総質量は k となる. 等方性を用いることで, ある特定の良いクラスタに所属する頂点の総質量は小さい(大体 1 程度である)ことが示せる. 全頂点の質量は k であるので, グラフ中に良いクラスタが k 個程度存在することが期待できる. 数学的に証明する前に, まず簡単な例でこれを確認する.

例 5.5.4 頂点集合 $S \subseteq V$ が理想的なクラスタ, すなわちあるベクトル $p \in \mathbb{R}^k$ が存在して, $p_v = p$ が任意の $v \in S$ で成り立つとする. 等方性から

$$1 = \sum_{v \in V} \left\langle \frac{p}{\|p\|}, p_v \right\rangle^2 \geq \sum_{v \in S} \left\langle \frac{p}{\|p\|}, p_v \right\rangle^2 = \sum_{v \in S} \left\langle \frac{p_v}{\|p_v\|}, p_v \right\rangle^2 = \sum_{v \in S} \|p_v\|^2$$

となる. これは S で消費される質量が高々 1 であることを示している.

例 5.5.5 上記の例より少し緩い条件を考える. 具体的には, ある $\epsilon \geq 0$ が存在して, 任意の $u, v \in S$ に対して, θ を p_u と p_v の間の角度としたとき, $\cos \theta \geq 1 - \epsilon$ であったとする(上記の例では $\epsilon = 0$ であった). 適当な頂点 $v \in S$ に対して $p = p_v$ と置く. すると

$$1 = \sum_{v \in V} \left\langle \frac{p}{\|p\|}, p_v \right\rangle^2 \geq \sum_{v \in S} \left\langle \frac{p}{\|p\|}, p_v \right\rangle^2$$

$$\geq \sum_{v \in S} \frac{1}{\|p\|^2} \|p\|^2 \|p_v\|^2 (1 - \epsilon)^2$$

$$\geq \sum_{v \in S} \|p_v\|^2 (1 - 2\epsilon)$$

が成り立つ. よって S で消費される質量は高々 $1/(1 - 2\epsilon)$ である.

例 5.5.4 と 5.5.5 の議論では, クラスタ中の頂点の間の角度が重要であった. そこでユークリッド距離ではなく, 以下の距離を用いることにする.

定義 5.5.6(放射投影距離) 二頂点 $u, v \in V$ に対して, その**放射投影距離** $d(u, v)$ を

$$
d(u, v) := \begin{cases} \left\| \dfrac{p_u}{\|p_u\|} - \dfrac{p_v}{\|p_v\|} \right\| & \|p_u\| > 0, \|p_v\| > 0 \text{ のとき,} \\ 0 & \|p_u\| = \|p_v\| = 0 \text{ のとき,} \\ \infty & \text{その他のとき} \end{cases}
$$

と定義する.

p_u と p_v の間の角度を θ とすると,

$$
d(u, v)^2 = 2 - 2\cos\theta = 2 - 2\sqrt{1 - \sin^2\theta} \approx 2 - 2\left(1 - \frac{\sin^2\theta}{2}\right) = \sin^2\theta
$$

なので,$d(u, v)$ は近似的に p_u と p_v の角度を表している.

以下の補題は,放射投影距離に関して直径の小さいクラスタは,その質量が小さいことを示している.これは例 5.5.5 の議論に放射投影距離による評価を加えたものである.

補題 5.5.7 頂点集合 $S \subseteq V$ が,任意の $u, v \in S$ に対して $d(u, v) \le \Delta$ を満たすとする.このとき,

$$
\sum_{u \in S} \|p_u\|^2 \le \frac{1}{1 - \Delta^2}
$$

が成り立つ.

証明 任意の単位ベクトル x, y に対して,

$$
\|x - y\|^2 = \|x\|^2 + \|y\|^2 - 2\langle x, y \rangle = 2 - 2\langle x, y \rangle
$$

が成り立つので,$\langle p_u/\|p_u\|, p_v/\|p_v\| \rangle = 1 - d(u, v)^2/2$ が成り立つ.任意の $v \in S$ に対して,

$$
\begin{aligned}
1 = \sum_{u \in V} \left\langle \frac{p_v}{\|p_v\|}, p_u \right\rangle^2 &\ge \sum_{u \in S} \|p_u\|^2 \left\langle \frac{p_v}{\|p_v\|}, \frac{p_u}{\|p_u\|} \right\rangle \\
&= \sum_{u \in S} \|p_u\|^2 \left(1 - \frac{d(u, v)^2}{2}\right)^2 \ge \sum_{u \in S} \|p_u\|^2 \left(1 - \frac{\Delta^2}{2}\right)^2 \\
&\ge \sum_{u \in S} \|p_u\|^2 (1 - \Delta^2)
\end{aligned}
$$

が成り立つ.上記の不等式を整理すると補題の主張が得られる. $\qquad\square$

k 個のクラスタを得る戦略として,Δ が $1/(1 - \Delta^2) \le 1 + 1/(2k)$ となるような集合 S を抽出していくことを考える.すると各集合の質量が $1 + 1/(2k)$ で抑えられ,$k - 1$ 個の集合を取った後も,まだ $1/2$ 以上の質量が残っていることになる.よって残った部分も合わせて質量がある程度大きい k 個のクラスタを得ることができる.

5.5.3 ベクトル値関数のレイリー商

次にスペクトル埋め込み $\Psi : v \mapsto p_v$ が何らかの意味で元の固有値の情報を保持していることを示したい. そのために, 埋め込み $\Phi : V \to \mathbb{R}^k$ に対して, そのレイリー商を

$$R(\Phi) = \frac{\sum_{\{u,v\} \in E} \|\Phi(u) - \Phi(v)\|^2}{d \sum_{u \in V} \|\Phi(u)\|^2}$$

と定義する.

以下の補題はスペクトル埋め込みのレイリー商は固有値で抑えられることを示している.

補題 5.5.8 スペクトル埋め込み $\Psi : v \mapsto p_v$ に対して, $R(\Psi) \le \lambda_k$ が成り立つ.

証明 $x_1, x_2, \ldots, x_k \in \mathbb{R}^V$ を, それぞれ固有値 $\lambda_1, \lambda_2, \ldots, \lambda_k$ に対応する固有ベクトルとする. $R(\Psi)$ の分子の和に現れる $\|\Psi(u) - \Psi(v)\|^2 = \|p_u - p_v\|^2$ は

$$\|p_u - p_v\|^2 = \sum_{i=1}^{k} (p_{ui} - p_{vi})^2 = \sum_{i=1}^{k} (x_{iu} - x_{iv})^2$$

と書ける. また $i \in \{1, 2, \ldots, k\}$ に対して, ベクトル $x_i \in \mathbb{R}^V$ のレイリー商は

$$R(x_i) = \frac{\sum_{\{u,v\} \in E} (x_{iu} - x_{iv})^2}{d \sum_{v \in V} x_{iv}^2}$$

と書ける. この分子と分母をそれぞれ A_i, B_i と書くことにすると,

$$R(\Psi) = \frac{\sum_{i=1}^{k} A_i}{\sum_{i=1}^{k} B_i} \le \max_{1 \le i \le k} \frac{A_i}{B_i} = \max_{1 \le i \le k} R(x_i) = \lambda_k$$

となる. $\qquad\square$

逆にレイリー商の小さい埋め込み $\Phi : V \to \mathbb{R}^k$ があれば, レイリー商の小さいベクトルが得られる.

補題 5.5.9 $\Phi : V \to \mathbb{R}^k$ をベクトル値関数とする. あるベクトル $x \in \mathbb{R}^V$ が存在して, $R(x) \le R(\Phi)$ が成り立つ.

証明 任意の $i \in \{1, 2, \ldots, k\}$ に対して $z_i \in \mathbb{R}^V$ を $z_{iv} = \Phi(v)_i$ と定義する. 補題 5.5.8 と同様の議論により

$$\min_{1 \le i \le k} R(z_i) \le R(\Phi)$$

であるから, ある i が存在して, $R(z_i) \le R(\Phi)$ が成り立つ. $\qquad\square$

補題 5.5.8 と 5.5.9 を組み合わせ, さらに得られたベクトルにチーガー不等式を適用することで, コンダクタンスの小さいクラスタを一つ得ることがで

きる.

5.5.4 埋め込みの局在化

前小節の最後で，コンダクタンスの小さいクラスタを一つ得る方法について述べたが，高階チーガー不等式を示すには k 個のクラスタを得る必要がある．本小節では，これまでの議論を踏まえてどのようにこれを実現するかについて説明する．

5.5.4.1 理想的な場合

最初に理想的な状況を考える．具体的には，頂点集合 $S_1, S_2, \ldots, S_k \subseteq V$ が存在して，以下を満たすとする．

- 任意の $i \in \{1, 2, \ldots, k\}$ に対して S_i の質量は $\sum_{v \in S_i} \|p_v\|^2 = 1$.
- 任意の異なる $i, j \in \{1, 2, \ldots, k\}$ に対して $d(S_i, S_j) := \min_{u \in S_i, v \in S_j} d(u, v) \geq \delta$.

頂点の総質量は k なので，一つ目の条件からすべての頂点がどれかの S_i に含まれることが分かる．これらの頂点集合を用いてコンダクタンスの小さい頂点集合 k 個を作ることを考える．

まず各 $i \in \{1, 2, \ldots, k\}$ に対して，S_i に属する頂点でのみ非ゼロベクトルとなるようなベクトル値関数 $\Psi_i : V \to \mathbb{R}^k$ を構築する．もし各 Ψ_i のレイリー商が小さいと示せれば，補題 5.5.9 を用いて，コンダクタンスの小さい集合 $S_i' \subseteq S_i$ が得られると期待できる．Ψ_i の構築方法として最も自然なものは

$$
\Psi_i(v) = \begin{cases} p_v & v \in S_i \text{のとき,} \\ \mathbf{0} & \text{その他のとき} \end{cases}
$$

と局在化することである．このとき Ψ_i のレイリー商は

$$
\begin{aligned}
R(\Psi_i) &= \frac{\sum_{\{u,v\} \in E} \|\Psi_i(u) - \Psi_i(v)\|^2}{d \sum_{v \in V} \|\Psi_i(v)\|^2} \\
&= \frac{\sum_{\{u,v\} \in E, u,v \in S_i} \|p_u - p_v\|^2 + \sum_{\{u,v\} \in E, u \in S_i, v \notin S_i} \|p_u\|^2}{d \sum_{v \in S_i} \|p_v\|^2}
\end{aligned}
$$

となる．補題 5.5.8 より，スペクトル埋め込み $\Psi : V \to \mathbb{R}^k$ のレイリー商は λ_k で抑えられるので，$R(\Psi)$ と $R(\Psi_i)$ を比較することで，後者も小さいことを示すことができる．

まず分母を見る．各 S_i の質量が 1 という仮定から $R(\Psi_i)$ においては $\sum_{v \in S_i} \|p_v\|^2 = 1$ であり，$R(\Psi)$ においては $\sum_{v \in V} \|p_v\|^2 = k$ であるので，$R(\Psi_i)$ の分母は $R(\Psi)$ の分母の $1/k$ となる．

次に分子を見る．$R(\Psi_i)$ の分子の最初の和の各項は $R(\Psi)$ のそれよりも小さい．二つ目の和について調べるために，枝 $\{u, v\} \in E$ で $u \in S_i$ かつ $v \notin S_i$

なものを考える．すべての頂点は $S_1, S_2, \ldots, S_k$ のどれかに所属するので，ある $j \neq i$ が存在して，$v \in S_j$ である．さて，この枝は $R(\Psi_i)$ には $\|p_u\|^2$ だけ貢献し，$R(\Psi)$ には $\|p_u - p_v\|^2$ だけ貢献する．$d(u, v) \geq d(S_i, S_j) \geq \delta$ であるので，$\|p_u - p_v\|^2 \approx \|p_u\|^2 \sin^2 \theta_{uv} \geq \|p_u\|^2 \delta^2$ となる（$\|p_v\| \gg \|p_u\|$ のときは，S_j への貢献を考える）．よって $R(\Psi_i)$ への貢献は，$R(\Psi)$ への貢献の高々 δ^{-2} 倍となる．

以上の議論から，$R(\Psi_i) \leq \delta^{-2} k \lambda_k$ となる．よって補題 5.5.9 とチーガー不等式を用いることで $S_i' \subseteq S_i$ で，$\phi(S_i') \leq \delta^{-1} \sqrt{2k\lambda_k}$ なるものが手に入る．結果として集合 $S_1', S_2', \ldots, S_k'$ から得られる k 分コンダクタンスは $\delta^{-1} \sqrt{2k\lambda_k}$ となる．

5.5.4.2 一般の場合

次に一般の場合を考える．集合 $S_1, S_2, \ldots, S_k \subseteq V$ で以下を満たすものを見つけられたとする．

- 任意の $i \in \{1, 2, \ldots, k\}$ に対して S_i の質量は $\sum_{v \in S_i} \|p_v\|^2 = \Omega(1)$．
- 任意の異なる $i, j \in \{1, 2, \ldots, k\}$ に対して $d(S_i, S_j) \geq 2\delta$．

このような $S_1, S_2, \ldots, S_k$ が見つかったときに，$\Psi_1, \Psi_2, \ldots, \Psi_k : V \to \mathbb{R}^k$ を定義し，すべての $i \in \{1, 2, \ldots, k\}$ でレイリー商が $R(\Psi_i) \leq O(\delta^{-2} k \lambda_k)$ となるようにしたい．先ほどの理想的な場合との違いは，どの S_i にも所属しない頂点が存在する可能性があることである．

5.5.4.1 節の理想的な場合の解析を一般の場合に適用とすると一つ問題が発生する．もし，頂点 $v \notin \bigcup_{j=1}^k S_j$ が存在して，ある頂点 $u \in S_i$ に非常に近い場所にあったとする．このとき，Ψ_i を先ほどと同じように，すなわち $\Psi_i(u) = p_u$ かつ $\Psi_i(v) = \mathbf{0}$ と定義すると，$\|\Psi_i(u) - \Psi_i(v)\|^2 = \|p_u\|^2$ となり，これは $\|p_u - p_v\|^2$ よりも非常に大きいかもしれない．その場合，前節の項ごとの解析が上手くいかなくなる．

この問題に対処するために，$d(S_i, S_j) \geq 2\delta$ という条件を**滑らかな局在化**，すなわちベクトルを距離に応じて滑らかにゼロベクトルにしていくために用いる．まず $u \notin S_i$ に対して，$d(u, S_i) := \min_{v \in S_i} d(u, v)$ と定義する．次に

$$c_u = \max\left\{1 - \frac{d(u, S_i)}{\delta}, 0\right\}$$

と定義し，$\Psi_i(u) = c_u p_u$ とする．もし $d(u, S_i) \geq \delta$ であれば，$\Psi_i(u) = \mathbf{0}$ となり，もし $d(u, S_i) \leq \delta$ であれば，c_u が傾き $1/\delta$ で変化する．このとき，以下が成り立つ．

補題 5.5.10 任意の $i \in \{1, 2, \ldots, k\}$ と枝 $\{u, v\} \in E$ に対して

$$\|\Psi_i(u) - \Psi_i(v)\| \leq \left(1 + \frac{2}{\delta}\right) \|p_u - p_v\|$$

が成り立つ.

証明 まず

$$\|\Psi_i(u) - \Psi_i(v)\| = \|c_u p_u - c_v p_v\| = \|c_u p_u - c_v p_u + c_v p_u - c_v p_v\|$$

$$\leq |c_u - c_v| \cdot \|p_u\| + |c_v| \cdot \|p_u - p_v\| \leq |c_u - c_v| \cdot \|p_u\| + \|p_u - p_v\|$$

である. $|c_u - c_v| \leq \delta^{-1} d(u,v)$ であるので, 一つ目の項は

$$|c_u - c_v| \cdot \|p_u\| \leq \frac{1}{\delta} \left\| \frac{p_u}{\|p_u\|} - \frac{p_v}{\|p_v\|} \right\| \cdot \|p_u\| = \frac{1}{\delta} \left\| p_u - \frac{\|p_u\|}{\|p_v\|} p_v \right\|$$

$$\leq \frac{1}{\delta} \left(\|p_u - p_v\| + \|p_v\| - \frac{\|p_u\|}{\|p_v\|} \|p_v\| \right) \leq \frac{2}{\delta} \|p_u - p_v\|$$

で抑えられ, 主張が成り立つ. □

以上の補題とこれまでの議論から以下が成り立つ.

補題 5.5.11 集合 $S_1, S_2, \ldots, S_k \subseteq V$ が以下を満たすとする.
- 任意の $i \in \{1, 2, \ldots, k\}$ に対して $\sum_{v \in S_i} \|p_v\|^2 = \Omega(1)$.
- 任意の異なる $i, j \in \{1, 2, \ldots, k\}$ に対して $d(S_i, S_j) \geq 2\delta$.

このとき, 滑らかな局在化により得られるベクトル値関数 $\Psi_1, \Psi_2, \ldots, \Psi_k :$ $V \to \mathbb{R}^k$ は, すべての $i \in \{1, 2, \ldots, k\}$ で,

$$R(\Psi_i) = O(\delta^{-2} k \lambda_k)$$

を満たす.

$d(S_i, S_j) \geq 2\delta$ という条件から, 各頂点 $v \in V$ は高々一つの $i \in \{1, 2, \ldots, k\}$ で $\Psi_i(v)$ が非ゼロベクトルになる. よって $\Psi_1, \Psi_2, \ldots, \Psi_k$ に対してチーガー不等式を適用することで得られる集合 $S_1', S_2', \ldots, S_k'$ が互いに素になることが保証される.

5.5.4.3 空間の分割

最後に, どのようにして補題 5.5.11 で要求されている集合 $S_1, S_2, \ldots, S_k \subseteq V$ を見つけるかについて議論する.

補題 5.5.3 より, スペクトル埋め込みは等方的であるので, すべての $v \in V$ に対して $p_v \in \mathbb{R}^k$ は単位球 $B_2 := \{p \in \mathbb{R}^k : \|p\| \leq 1\}$ に含まれている. 次に単位球 B_2 の表面を, 一辺の長さが (高々) $L := 1/(2k)$ の正方形に分割したものを $\mathcal{S}$ とする (球面上の正方形はユークリッド空間上では「湾曲している」がここでは厳密な議論はしない). さらに各正方形と B_2 の中心の凸結合により得られる四角錐の集合を $\mathcal{C}$ とする. 各四角錐 $C \in \mathcal{C}$ の (放射投影距離に関する) 直径は高々 $L\sqrt{k} = 1/(2\sqrt{k})$ であるので, 補題 5.5.7 より各四角錐 $C \in \mathcal{C}$ に含まれる頂点の質量の総和は $1 + 1/(2k)$ 以下である.

補題 5.5.11 を適用するためには，質量が定数以上の集合 $S_1, S_2, \ldots, S_k$ を作る必要がある．このために，まず空の $S_1, S_2, \ldots, S_k$ から始め，S_1 の（中の頂点の）質量が $1/2$ 以上になるまで，$\mathcal{C}$ 中の四角錐（中のすべての点）を重い順に S_1 に加え続ける．次に S_2 の質量が $1/2$ 以上になるまで，まだ使っていない四角錐を重い順に S_2 に加え続ける．これを S_{k-1} まで続け，残った頂点を S_k に割り振る．

各四角錐の質量が高々 $1 + 1/(2k)$ であるので，$S_1, S_2, \ldots, S_{k-1}$ の質量は作り方から高々 $1 + 1/(2k)$ 以下となる．全頂点の総質量が k であるので，S_k の質量は

$$k - \left(1 + \frac{1}{2k}\right)(k-1) \geq \frac{1}{2}$$

となる．

さて補題 5.5.11 を適用するためには，作った集合同士の距離が 2δ 以上離れているという条件も必要である．そこで，各四角錐 $C \in \mathcal{C}$ に対して，その側面からの（放射投影距離の意味で）距離が $L/(4k^2)$ 以下の部分をすべて削除する．また削除された部分に入っている頂点を $S_1, S_2, \ldots, S_k$ から削除して得られる頂点集合を $S_1', S_2', \ldots, S_k'$ とする．この操作を施した後に，各四角錐の体積は少なくとも

$$\left(1 - \frac{1}{4k^2}\right)^k \geq \left(1 - \frac{1}{4k}\right)$$

程度は残る．そこで最初に球面を正方形に分割する際に，分割をランダムに回転することで，$S_1', S_2', \ldots, S_k'$ を $S_1, S_2, \ldots, S_k$ から構築する際に削除される頂点の質量がそれぞれ $1/4$ 以下になるような分割を見つけることができる．$\delta = L/4k^2 = 1/8k^3$ とすると，$S_1', S_2', \ldots, S_k'$ は距離 2δ 以上離れることになる．

最後に補題 5.5.11 を適用し，埋め込み $\Psi_1, \Psi_2, \ldots, \Psi_k : V \to \mathbb{R}^k$ を構築すると，各 $i \in \{1, 2, \ldots, k\}$ に対してレイリー商は $R(\Psi_i) = O(\delta^{-2} k \lambda_k) = O(k^7 \lambda_k)$ となる．これに 5.5.3 節の議論を適用することで，コンダクタンスが $O(k^{3.5}\sqrt{\lambda_k})$ であるような互いに素な集合 $V_1, V_2, \ldots, V_k$ を得ることができる．以上の議論から，定理 5.5.1 の右側の不等式が得られる．

出典および関連する話題

元々チーガー不等式はリーマン多様体に対して示されていたが[29]，グラフに対しても同様の不等式（定理 5.3.1）が成り立つことが Alon と Milman によって示された[4], [6]．チーガー不等式は，本章で紹介した証明以外にも様々な証明が知られている[33]．スペクトルグラフ理論のクラスタリングへの応用は von

Luxburg による総説論文[133]が詳しい．また，コンダクタンスの計算は NP 困難であることが知られている[119]．

二部性に対するチーガー不等式（定理 5.4.5）は Trevisan によって示された[130]．この不等式に関連する問題として最大カット問題がある．**最大カット問題**とは，与えられたグラフ $G = (V, E)$ に対して，V の分割 $L \cup R$ を与え，L と R の間の枝の本数 $e(L, R)$ を最大化する問題である．最大カット問題に対しては，ランダムな頂点集合の分割が 0.5 近似を与え，半正定値計画法による 0.878 近似アルゴリズムも知られている[57]．Trevisan は二部性に対するチーガー不等式を利用することで，半正定値計画法を経由しない 0.531 近似アルゴリズムを提案した[130]．

高階チーガー不等式（定理 5.5.1）の右側の不等式を示すために，本章で紹介したアルゴリズムは Lee, Oveis Gharan, Trevisan によるものである[84]．高階チーガー不等式は同時期に Louis, Raghavendra, Tetali, Vempala によっても示された[87]．彼らのアルゴリズムは単純であり，まず単位ベクトル $r_1, r_2, \ldots, r_k \in \mathbb{R}^V$ をランダムに選び，各頂点 $v \in V$ に対し $i_v := \arg\max_{i=1,2,\ldots,k}\langle p_v, r_i \rangle$ を計算し，v を i_v 番目のクラスタに追加する，というものである．ただしその解析は若干非直感的であるので本書では取り上げなかった．高階チーガー不等式の右側の不等式の $\mathrm{poly}(k)$ は k^2 まで下げられることが知られている[84]．

高階チーガー不等式では λ_k が小さいときに，k 個の良いクラスタが得られることを主張している．逆に λ_k が大きいときには，従来のチーガー不等式が改善でき，コンダクタンスが

$$\phi_G(S) = O\left(\frac{k\lambda_2}{\sqrt{\lambda_k}}\right)$$

なる頂点集合 $S \subseteq V$ が得られることが知られている[79]．例えばグラフが，二つのクラスタには上手く分けられるが，三つのクラスタには分けられないとき，λ_2 は小さく，$\lambda_3 = \Omega(1)$ となるので，上記の不等式より，コンダクタンスが $\phi_G(S) = O(\lambda_2)$ の集合が得られる．これはチーガー不等式の保証する $O(\sqrt{\lambda_2})$ よりもよい．

高階チーガー不等式に関連する話題として，**小集合膨張率問題**（Small-Set Expansion Problem）と呼ばれる問題がある[112]．これはパラメータ $\delta > 0$ に対して，大きさ δn 以下の集合でコンダクタンス（もしくは枝膨張率）が最小になるものを探すという問題である．高階チーガー不等式を用いると，λ_k が小さければ大きさ $\approx n/k$ の集合でコンダクタンスが小さいものを見つけることができる．また高階チーガー不等式を利用しないアルゴリズムについても議論されている[113]．

小集合膨張率問題に関連して**小集合膨張率予想**（Small-Set Expansion Hypothesis）というものがある．これは任意の $\epsilon > 0$ に対して，ある $\delta > 0$ が存

在して，以下の二つを区別するのは NP 困難であるというものである．

- ある大きさ δn 以下の集合が存在し，コンダクタンスが ϵ 以下である．
- 任意の大きさ δn 以下の集合は，コンダクタンスが $1 - \epsilon$ 以上である．

この予想を仮定すると，多くの問題の近似困難性を示すことができる[12], [95]．またこの予想が正しければ，**一意ゲーム予想**（Unique Games Conjecture）と呼ばれる予想[74]も正しいことが知られている[112]．一意ゲーム予想は（正しければ）計算量理論において多くの示唆を持つ予想である．代表的な例として，最大制約充足問題と呼ばれる広い問題クラスに対するタイトな近似困難性を導くことができることが知られている[111]．

　本書では詳しく述べないがコンダクタンスの大きいグラフであるエキスパンダーは理論計算機科学において，乱択アルゴリズムから決定性アルゴリズムを作る脱乱択化，誤り訂正符号の設計，距離空間の別の距離空間への埋め込みなど様々な応用を持つ．エキスパンダーとその応用については Hoory, Linial, Wigderson による総説論文[63]が詳しい．

第 6 章

ランダムウォーク

本章ではグラフ上のランダムウォークについて解説する．グラフ $G = (V, E)$ に対して，G 上の**ランダムウォーク**とは，ある頂点からスタートし，各ステップでランダムに隣接頂点に移動する確率過程のことを指す．ランダムウォークはそれ自体が興味深い確率過程であるばかりか，クラスタリングなど様々な応用を持つ．また 3 章や 4 章に現れた有効抵抗を解釈するのにも役に立つ．本章では，議論を簡単にするためにグラフはすべて連結であると仮定する．

6.1 無向グラフ上のランダムウォーク

まず最初に，ランダムウォークをより数学的に定義する．

定義 6.1.1（ランダムウォーク） $G = (V, E)$ を（多重枝のない）グラフとする．頂点を値に取る確率変数の列 $v_1, v_2, \ldots,$ が，任意の $t \geq 0$ に対して，

$$\Pr[v_{t+1} = v \mid v_t] = \begin{cases} \dfrac{1}{d_{v_t}} & v \sim v_t \text{ のとき}, \\ 0 & \text{その他のとき} \end{cases}$$

を満たすとき，G 上のランダムウォークであると言う．

その名の通り，ランダムウォークはグラフの上で隣接頂点への移動をランダムに行っている過程であるとみなせる．そこで $\Pr[v_t = v]$ を，t ステップ目における v_t の**滞在確率**と呼ぶことにする．

例 6.1.2 図 6.1 は，ランダムウォークを右上の点から始めたときに，様々なステップ数における頂点の滞在確率を示したものである．最初は少しずつ確率が周りに伝播していくが，100 ステップ後にはほとんど収束してしまい，それ以降確率分布はほとんど変化しない．

$G = (V, E)$ を無向グラフとし，$\pi^{(0)} \in \mathbb{R}^V$ を頂点上の初期分布を表すベクト

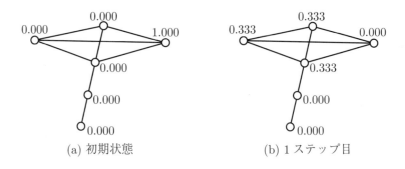

(a) 初期状態　　　　　　　　　(b) 1 ステップ目

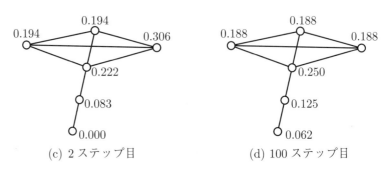

(c) 2 ステップ目　　　　　　　　(d) 100 ステップ目

図 6.1 ランダムウォークの滞在確率の分布.

ル，すなわち $\pi_v^{(0)} \geq 0 \ (\forall v \in V)$ かつ $\sum_{v \in V} \pi_v^{(0)} = 1$ であるとする．例えば常に頂点 $s \in S$ からランダムウォークを開始するのであれば $\pi^{(0)} = \mathbf{1}_s$ である．次に $\pi^{(t)} \in \mathbb{R}^V$ を t ステップ後のランダムウォークの滞在確率の分布，つまり $\pi_v^{(t)} = \Pr[v_t = v]$ とする．定義から $\pi_v^{(t)} \geq 0 \ (\forall v \in V)$ かつ $\sum_{v \in V} \pi_v^{(t)} = 1$ である．ランダムウォークでは各ステップにおいてランダムに隣接頂点を選び，そこに移動するので，

$$\pi_v^{(t)} = \sum_{u \in V : \{u,v\} \in E} \frac{\pi_u^{(t-1)}}{d_u}$$

が成り立つ．よって**確率遷移行列** $P \in \mathbb{R}^{V \times V}$ を $P = AD^{-1}$ と定義すると，$\pi^{(t+1)} = P\pi^{(t)}$ が成り立つ．特に $\pi^{(t)} = P^t \pi^{(0)}$ である．このようにランダムウォークの挙動は行列を用いて表現することができる．

6.1.1 定常分布

　無向グラフ $G = (V, E)$ に対して，$\pi = P\pi$ を満たす確率分布 $\pi \in \mathbb{R}^V$ を G 上のランダムウォークの**定常分布**と呼ぶ．つまり定常分布を初期分布とすると，そこからランダムウォークを行っても滞在確率の分布は定常分布のまま変わらない．

　無向グラフには以下に定義される自然な定常分布 $\pi^* \in \mathbb{R}^V$ がある．

$$\pi_v^* = \frac{d_v}{\sum_{u \in V} d_u} = \frac{d_v}{2m}.$$

実際

$$P\pi^* = AD^{-1}\frac{D\mathbf{1}}{2m} = \frac{A\mathbf{1}}{2m} = \frac{D\mathbf{1}}{2m} = \pi^*$$

が成り立つ（D^{-1} の存在にグラフが連結であることを用いている）．

さて，定常分布は一意であるだろうか．また一意であったとして，ランダムウォークは必ず π^* に収束するだろうか．残念ながらこれらの性質は，常には成り立たないことが簡単に分かる．例えば（本章の仮定からは外れるが）グラフが非連結であるとし，異なる連結成分に所属する二点 u, v を取り，初期分布として $\mathbf{1}_u$ と $\mathbf{1}_v$ を用いたランダムウォークを考える．前者の滞在確率は u が所属する連結成分においてしか正の値を取らず，後者の滞在確率は v が所属する連結成分においてしか正の値を取らない．よって（収束するとしても）異なる定常分布に収束する．

またグラフが連結であったとしても定常分布が収束しない例がある．具体的には（連結な）二部グラフを考え，その頂点分割が $L \cup R$ だったとする．頂点 $v \in L$ を選び，初期分布として $\mathbf{1}_v$ を用いると，ランダムウォークで到達する頂点は，奇数ステップでは R に，偶数ステップでは L に存在する．よってこのランダムウォークは定常分布に収束しない．

しかし上記の二つの例を除いて，定常分布は一意であり（つまり上記の π^*），どんな初期分布からもそこに収束することが示せる．

定理 6.1.3 任意の連結かつ二部でないグラフは一意な定常分布 π^* を持つ．また任意の初期分布 $\pi^{(0)} \in \mathbb{R}^V$ に対して，

$$\lim_{t \to \infty} \pi^{(t)} = \pi^*$$

が成り立つ．

証明 まず確率遷移行列 $P \in \mathbb{R}^{V \times V}$ の固有値について調べる．正規化隣接行列 $\mathcal{A} \in \mathbb{R}^{V \times V}$ は $\mathcal{A} = D^{-1/2}AD^{-1/2}$ と定義されるのであった（5.2 節）．その固有値を $\alpha_1 \geq \alpha_2 \geq \cdots \geq \alpha_n$ と書くことにし，対応する固有ベクトルを $v_1, v_2, \ldots, v_n \in \mathbb{R}^V$ とする．$\{v_1, v_2, \ldots, v_n\}$ は正規直交基底をなすと仮定してよい．グラフ G は連結であるので D^{-1} が存在し，

$$PD^{1/2}v_i = AD^{-1}D^{1/2}v_i = AD^{-1/2}v_i = D^{1/2}\mathcal{A}v_i = \alpha_i D^{1/2}v_i$$

が成り立つ．よって α_i は P の固有ベクトルであり，対応する固有ベクトルは $D^{1/2}v_i$ である．

補題 5.2.2 より，$1 \geq \alpha_1 \geq \cdots \geq \alpha_n \geq -1$ が成り立つ．また，α_i は正規化ラプラシアンの i 番目の固有値 λ_i と $\lambda_i = 1 - \alpha_i$ という関係があるので，連

結性とチーガー不等式（定理 5.3.1）より $\alpha_2 < 1$ であり，非二部性と二部性に対するチーガー不等式（定理 5.4.5）から $\alpha_n > -1$ である.

さて初期ベクトル $\pi^{(0)}$ は，ある $c_1, c_2, \ldots, c_n \in \mathbb{R}$ が存在して，$\pi^{(0)} = \sum_{i=1}^n c_i D^{1/2} v_i$ と書ける. すると

$$P^t \pi^{(0)} = \left(D^{1/2} \mathcal{A} D^{-1/2} \right)^t \left(\sum_{i=1}^n c_i D^{1/2} v_i \right) = \sum_{i=1}^n c_i D^{1/2} \mathcal{A}^t v_i$$

$$= \sum_{i=1}^n c_i \alpha_i^t D^{1/2} v_i$$

が成り立つ. よって，$\max\{\alpha_2, |\alpha_n|\} < 1$ であることから，$\lim_{t \to \infty} P^t \pi^{(0)} = c_1 D^{1/2} v_1$ が成り立つ.

次に $c_1 D^{1/2} v_1 = \pi^*$ であることを示す. まず

$$v_1 = \frac{D^{1/2} \mathbf{1}}{\| D^{1/2} \mathbf{1} \|} = \frac{D^{1/2} \mathbf{1}}{\sqrt{2m}}$$

である. また $\{v_1, v_2, \ldots, v_n\}$ は正規直交基底なので，

$$c_1 = \langle D^{-1/2} \pi^{(0)}, v_1 \rangle = \frac{1}{\sqrt{2m}} \langle D^{-1/2} \pi^{(0)}, D^{1/2} \mathbf{1} \rangle = \frac{1}{\sqrt{2m}}$$

が成り立つ. よって

$$\lim_{t \to \infty} P^t \pi^{(0)} = c_1 D^{1/2} v_1 = \frac{1}{\sqrt{2m}} \cdot D^{1/2} \cdot \frac{D^{1/2} \mathbf{1}}{\sqrt{2m}} = \frac{1}{2m} D \mathbf{1} = \pi^*$$

が成り立つ. □

二部グラフに対してランダムウォークは定常分布を持たないが，二部グラフのときだけ特別扱いをするのは不便である. そこで実用的には行列 $P' = P/2 + I/2$ で定義される確率過程である**怠惰ランダムウォーク**を利用することが多い. グラフに自己ループがなければ，この確率過程は

$$\Pr[v_{t+1} = v \mid v_t] = \begin{cases} \dfrac{1}{2} & v = v_t \text{のとき,} \\ \dfrac{1}{2d_{v_t}} & v \sim v_t \text{のとき,} \\ 0 & \text{その他のとき} \end{cases}$$

を満たす. これはグラフの各頂点 $v \in V$ に d_v 本の自己ループを加えてできるグラフにおける通常のランダムウォークを考えているとみなすこともできる（v_t と v の間に（多重）枝が k 本ある場合は，$\Pr[v_{t+1} = v \mid v] = k/d_{v_t}$ とする）. 怠惰ランダムウォークはグラフが連結であれば必ず定常分布 π^* に収束する.

6.1.2 混合時間

前節では，グラフが連結かつ二部ではないとき，ランダムウォークが必ず定

常分布 π^* に収束することを見た．では「収束するまでにかかる時間」はどの程度であろうか．この問いに答えるためには，まず確率分布間の距離を考える必要があるが，本節では全変動距離と呼ばれる距離を使用する．具体的には，二つの V 上の確率分布 π, π' が与えられたとき，その**全変動距離**は

$$d_{\mathrm{TV}}(\pi, \pi') = \frac{1}{2} \sum_{v \in V} |\pi_v - \pi'_v| = \frac{1}{2} \|\pi - \pi'\|_1$$

と定義される．ここでベクトル $v \in \mathbb{R}^V$ に対して，$\|v\|_1 := \sum_{v \in V} |v|$ は v の ℓ_1 ノルムと呼ばれる．ℓ_1 ノルムと区別するために，v の ℓ_2 ノルムは $\|v\|_2$ と書くことにする．一般に n 次元のベクトルの ℓ_1 ノルムと ℓ_2 ノルムの間には

$$\|v\|_2 \leq \|v\|_1 \leq \sqrt{n}\|v\|_2 \tag{6.1}$$

という関係がある．

　次にランダムウォークの混合時間を，$d_{\mathrm{TV}}(\pi^{(t)}, \pi^*) \leq 1/4$ となる最小の t と定義する．$1/4$ という定数の選び方に大きな意味はなく，他の（グラフのサイズなどに依存しない）定数を使っても議論に大きな変化はない．

　さて混合時間をグラフの特徴を用いて評価したい．ここでは P の**スペクトルギャップ** $\lambda := \min\{1 - \alpha_2, 1 - |\alpha_n|\}$ を用いることにする．これは正規化ラプラシアンの固有値 $\lambda_i = 1 - \alpha_i$ を用いて $\lambda = \min\{\lambda_2, 2 - \lambda_n\}$ とも書ける．このとき，混合時間は以下のように抑えられる．

定理 6.1.4 混合時間は $O(\lambda^{-1} \log n)$ である．

　チーガー不等式（定理 5.3.1）と二部比に対するチーガー不等式（定理 5.4.5）から，これはグラフのコンダクタンスが大きく，かつ二部グラフに近い部分グラフを持たなければ混合時間が短いことを意味している．これは定理 6.1.3 を定量化したものであるとみなすことができる．

定理 6.1.4 の証明 定理 6.1.3 の証明より $\pi^{(t)} = P^t \pi^{(0)} = \pi^* + \sum_{i=2}^n c_i \alpha_i^t D^{1/2} v_i$ が成り立つ．$\|\pi^{(t)} - \pi^*\|_1$ を上から抑えるために，まず $\|D^{-1/2}(\pi^{(t)} - \pi^*)\|_2$ という量を考える．$v_1, v_2, \ldots, v_n$ の正規直交性を用いると

$$\|D^{-1/2}(\pi^{(t)} - \pi^*)\|_2^2 = \|D^{-1/2}(P^t \pi^{(0)} - \pi^*)\|_2^2$$

$$= \left\|\sum_{i=2}^n c_i \alpha_i^t v_i\right\|_2^2 = \sum_{i=2}^n c_i^2 \alpha_i^{2t} \leq (1 - \lambda)^{2t} \sum_{i=2}^n c_i^2$$

である．ここで，$d_{\min}$ を最小次数とし，$\pi^{(0)} = \sum_{i=1}^n c_i D^{1/2} v_i$ であることを利用すると

$$\sum_{i=2}^n c_i^2 \leq \sum_{i=1}^n c_i^2 = \|D^{-1/2} \pi^{(0)}\|_2^2 \leq \frac{1}{d_{\min}} \|\pi^{(0)}\|_2^2 \leq \frac{1}{d_{\min}}$$

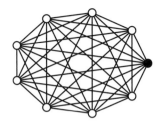
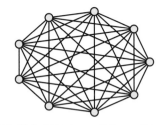

(a) 完全グラフ，初期状態   (b) 完全グラフ，5ステップ目

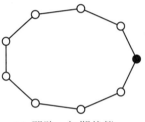
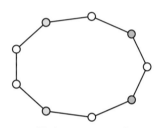

(c) 閉路，初期状態   (d) 閉路，5ステップ目

図 6.2　ランダムウォークの混合.

が成り立つ．以上より

$$\|D^{-1/2}(\pi^{(t)} - \pi^*)\|_2^2 \leq \frac{(1-\lambda)^{2t}}{d_{\min}}$$

が成り立つ．また，$d_{\max}$ を最大次数とすると

$$\|D^{-1/2}(\pi^{(t)} - \pi^*)\|_2^2 = \|D^{-1/2}(P^t\pi^{(0)} - \pi^*)\|_2^2$$
$$= \sum_{v \in V} \frac{1}{d_v}(P^t\pi^{(0)} - \pi^*)_v^2 \geq \frac{1}{d_{\max}} \sum_{v \in V}(P^t\pi^{(0)} - \pi^*)_v^2$$
$$= \frac{1}{d_{\max}}\|P^t\pi^{(0)} - \pi^*\|_2^2$$

が成り立つ．上の二つを組み合わせると，

$$\|\pi^{(t)} - \pi^*\|_1 = \|P^t\pi^{(0)} - \pi^*\|_1$$
$$\leq \sqrt{n}\|P^t\pi^{(0)} - \pi^*\|_2 \quad (\text{式 (6.1) より})$$
$$\leq \sqrt{d_{\max} \cdot n} \cdot \|D^{-1/2}(P^t\pi^{(0)} - \pi^*)\|_2$$
$$\leq (1-\lambda)^t \sqrt{\frac{d_{\max}}{d_{\min}} \cdot n}$$

が成り立つ．ここで $t = O(\lambda^{-1}\log n)$ とすると，$d_{\mathrm{TV}}(\pi^{(t)}, \pi^*) \leq 1/4$ となる．　□

例 6.1.5　図 6.2 は，9頂点の完全グラフと閉路グラフにおいてランダムウォー

クを走らせたときの，各頂点の滞在確率を図示したものである．色が濃いほど滞在確率が高いことを表している．定理 6.1.4 が示すように，スペクトルギャップの大きい完全グラフは閉路グラフよりも混合が速いことが分かる．

6.2　確率不等式

本章の以降の節では乱数を用いたアルゴリズムや解析が現れるので，ここで確率に関する基本的な不等式を紹介する．

以下の和集合上界は，複数の事象のうち少なくとも一つの事象が起こる確率は個別の事象の確率の和以下であることを示している．

補題 6.2.1（和集合上界）　事象 $A_1, A_2, \ldots, A_k$ に対して

$$\Pr\left[\bigcup_{i=1}^{k} A_i\right] \leq \sum_{i=1}^{k} \Pr[A_i]$$

が成り立つ．

以下のマルコフの不等式は，非負の値を取る確率変数がその期待値よりも非常に大きくなる確率は小さいことを意味している．

定理 6.2.2（マルコフの不等式）　X を非負の値を取る確率変数とする．任意の $k > 0$ に対して

$$\Pr[X \geq k] \leq \frac{\mathbf{E}[X]}{k}$$

が成り立つ．

6.3　電気回路的な解釈

本節では，4 章のように電気回路的な解釈を用いてランダムウォークを解析する．

6.3.1　有効抵抗との関係

グラフ $G = (V, E)$ 中の頂点 $s \in V$ と頂点 $t \in V$ の間に 1 ボルトの電圧をかけたとする．ここでは s の電位 $p_s = 1$，t の電位 $p_t = 0$ であると仮定する．頂点 $u \in V$ に対して，$q_{st}(u)$ を u から開始したランダムウォークが t に到達する前に s に到達する確率とする．$q_{st}(s) = 1, q_{st}(t) = 0$ と定義する．このとき，以下が成り立つ．

補題 6.3.1　任意の $u \in V$ について $q_{st}(u) = p_u$ が成り立つ．

証明 $u = s$ または $u = t$ のとき，$q_{st}(u) = p_u$ が確かに成り立つ．

$u \in V \setminus \{s, t\}$ とする．4.5 節の議論より，u に対して調和性

$$p_u = \frac{1}{d_u} \sum_{v \in N(u)} p_v$$

が成り立つ．また

$$q_{st}(u) = \sum_{v \in N(u)} P_{uv} q_{st}(v) = \frac{1}{d_u} \sum_{v \in N(u)} q_{st}(v)$$

であるので，調和性を満たす．よって補題 4.5.3 より，$q_{st}(u) = p_u$ が成り立つ. $\qquad\qquad\square$

以上の結果を用いて，以下が簡単に示せる．

補題 6.3.2 任意の枝 $\{s, t\} \in E$ に対して，s から出発したランダムウォークが，枝 $\{s, t\}$ を使って t に初めて到達する確率は有効抵抗 r_{st} に等しい．

証明 z を枝 $\{s, t\}$ を使って t に初めて到達する確率とする．ランダムウォークの最初のステップでは，s から t に移動するか，別の隣接頂点 $v \in N(s) \setminus \{t\}$ に移動する．後者が発生した場合は，補題の主張にある事象は確率 $q_{st}(v) \cdot z$ で発生する．よって補題 6.3.1 より

$$z = P_{st} + \sum_{v \in N(s)} P_{sv} \cdot q_{st}(v) \cdot z = \frac{1}{d_s} + \sum_{v \in N(s)} \frac{p_v z}{d_s}$$

と書ける．よって

$$z = \frac{1/d_s}{1 - \sum_{v \in N(s)} p_v / d_s} = \frac{1}{\sum_{v \in N(s)} (1 - p_v)} = \frac{1}{\sum_{v \in N(s)} (p_s - p_v)}.$$

電流を表すベクトル $x = Bp$ を用いると，オームの法則より

$$z = \frac{1}{\sum_{e \in N(s)} |x_e|} = \frac{1}{1/r_{st}} = r_{st}$$

となる．二つ目の等式では，s と t の間に 1 ボルトの電圧をかけたときに s から流れる電流が $1/r_{st}$ であることを利用した． $\qquad\qquad\square$

6.3.2 到達時間

頂点 s から頂点 t への**到達時間** $H(s, t)$ とは，s から出発したランダムウォークが t に到達するまでにかかるステップ数の期待値である．$H(t, t) = 0$ と定義する．

到達時間は次のようにして再帰的に計算できる．頂点 s を t と異なる頂点とし，ランダムウォークの次のステップで t に到達すればかかったステップ数は 1，もし t と異なる頂点 v に移動したとすれば，そこから t に到達するの

に必要なステップ数の期待値は $H(v,t)$ である. よって, ベクトル $h \in \mathbb{R}^V$ を $h_s = H(s,t)\ (s \in V)$ と定義すると, $s \neq t$ に関しては

$$h_s = H(s,t) = 1 + \sum_{v \in N(s)} \frac{1}{d_s} H(v,t) = 1 + (P\mathbf{1}_s)^\top h = 1 + \mathbf{1}_s^\top P^\top h$$

が成り立つ. $h_s = \mathbf{1}_s^\top h = \mathbf{1}_s^\top I h$ であることから

$$1 = \mathbf{1}_s^\top (I - P^\top) h$$

と言い換えることができる. さらに $P = AD^{-1}$ であることから

$$d_s = \mathbf{1}_s^\top (D - A) h = \mathbf{1}_s^\top L h$$

が成り立つ. よってベクトル $b \in \mathbb{R}^V$ を

$$b_s = \begin{cases} d_s & s \neq t \text{ のとき,} \\ d_s - 2m & s = t \text{ のとき} \end{cases}$$

と置くと, h は $Lp = b$ の解のうち $p_t = 0$ を満たすものであることが分かる. ここで b_t は $Lp = b$ が解を持つ, すなわち $\langle b, \mathbf{1} \rangle = 0$ となるように選んだ.

以上の定理は電気回路的には以下のように解釈できる. 頂点 $s \neq t$ には d_s アンペアの電流を流入させ, 頂点 t からは $2m - d_t$ アンペアの電流を放出する. このときに得られる頂点の電位ベクトルを $p \in \mathbb{R}^V$ とすると, $H(s,t) = h_s = p_s - p_t$ が成り立つ.

6.3.3 通勤時間

通勤時間 $C(s,t)$ とは, s から出発したランダムウォークが t に到達し, その後に s に戻るまでにかかるステップ数の期待値である. 定義から

$$C(s,t) = H(s,t) + H(t,s)$$

が成り立つ. 通勤時間は有効抵抗と以下のような関連がある.

定理 6.3.3 任意の $s,t \in V$ に対して

$$C(s,t) = 2m r_{st}$$

が成り立つ.

証明 $d \in \mathbb{R}^V$ を頂点の次数からできるベクトルとする. 6.3.2 節の議論から, 電位ベクトル $x \in \mathbb{R}^V$ を $Lx = d - 2m\mathbf{1}_t$ の解とすると, $H(v,t) = x_v - x_t$ となる. また電位ベクトル $y \in \mathbb{R}^V$ を $Ly = d - 2m\mathbf{1}_s$ の解とすると, $H(v,s) = y_v - y_s$ となる. 以上より

$$C(s,t) = H(s,t) + H(t,s) = (x_s - x_t) + (y_t - y_s) = (x - y)_s - (x - y)_t$$

となる。線形性より

$$L(x - y) = (d - 2m\mathbf{1}_s) - (d - 2m\mathbf{1}_t) = 2m(\mathbf{1}_s - \mathbf{1}_t)$$

が成り立つ。つまり s から t に $2m$ アンペアの電流を流したときの s と t の間の電位差を考えることに等しい。これは $2mr_{st}$ そのものである。 □

定理 6.3.3 を使って、有効抵抗に対する三角不等式（補題 4.4.3）の別証明を与えることもできる。

補題 4.4.3 の別証明 定理 6.3.3 より

$$r_{st} + r_{tu} \geq r_{su}$$
$$\Leftrightarrow C(s,t) + C(t,u) \geq C(s,u)$$
$$\Leftrightarrow H(s,t) + H(t,s) + H(t,u) + H(u,t) \geq H(s,u) + H(u,s)$$
$$\Leftrightarrow (H(s,t) + H(t,u)) + (H(u,t) + H(t,s)) \geq H(s,u) + H(u,s)$$

である。s から u に到達するまでのステップ数の期待値は、s から t に到達しその後 u に到達するまでのステップ数の期待値以下であるので $H(s,t) + H(t,u) \geq H(s,u)$ が成り立つ。同様に $H(u,t) + H(t,s) \geq H(u,s)$ が成り立つ。よって主張が成り立つ。 □

6.3.4 被覆時間

頂点 $v \in V$ に対して、v の**被覆時間** $C(v)$ を v から開始したランダムウォークがすべての頂点を通るまでにかかるステップ数の期待値とする。また $C(G) = \max_{v \in V} C(v)$ と定義する。

まず $C(G)$ は以下の（緩い）上界を持つ。

補題 6.3.4 グラフ G に対して、次が成り立つ。

$$C(G) \leq 2m(n-1).$$

証明 G の任意の全域木 T を考える。すべての頂点を通る T 上の経路で、各枝 $\{u,v\} \in E(T)$ を、u から v へ、また v から u へちょうど一度ずつ通るものがある。この経路に沿った順番でランダムウォークが通る頂点を考慮していくと

$$C(G) \leq \sum_{\{u,v\} \in E(T)} (H(u,v) + H(v,u)) = \sum_{\{u,v\} \in E(T)} C(u,v) \leq 2m(n-1)$$

が成り立つ。最後の不等式では、定理 6.3.3 より $C(u,v) \leq 2m$ であることと、$|E(T)| = n-1$ であることを用いた。 □

$C(G)$ は有効抵抗を用いて以下のように評価することができる。

定理 6.3.5 $R(G) = \max_{u,v \in V} r_{uv}$ とすると,

$$mR(G) \leq C(G) \leq 2e^3 mR(G) \log n + 2n.$$

証明 (左側の不等式) 頂点 $s, t \in V$ を $R(G) = r_{st}$ となるように選ぶ. 定理 6.3.3 より,

$$2mR(G) = 2mr_{st} = C(s,t) = H(s,t) + H(t,s)$$

である. よって

$$C(G) \geq \max\{C(s), C(t)\} \geq \max\{H(s,t), H(t,s)\} \geq \frac{C(s,t)}{2} = mR(G)$$

が成り立つ.

(右側の不等式) 頂点 $s \in V$ を $C(G) = C(s)$ となる頂点とする. 頂点 $v \in V$ を任意に選ぶ. s から長さ $L := 2e^3 mR(G) \log n$ のランダムウォーク $W = (v_1 = s, v_2, \ldots, v_L)$ を考え, 長さ $l := 2e^3 mR(G)$ の $\log n$ 個の部分 $W_1, W_2, \ldots, W_{\log n}$ に分割する (簡単のため $2e^3 mR(G)$ と $\log n$ は整数とする). どの部分 $W_i = (v_{i1}, \ldots, v_{il})$ に対しても, 定理 6.3.3 より,

$$H(v_{i1}, v) \leq 2mR(G)$$

が成り立つ. マルコフの不等式より

$$\Pr[W_i \text{ が } v \text{ に到達しない}] \leq \frac{2mR(G)}{2e^3 mR(G)} = \frac{1}{e^3}$$

が成り立つ. よって

$$\begin{aligned}
\Pr[W \text{ が } v \text{ に到達しない}] &= \prod_{i=1}^{\log n} \Pr[W_i \text{ が } v \text{ に到達しない}] \\
&\leq \left(\frac{1}{e^3}\right)^{\log n} = \frac{1}{n^3}.
\end{aligned}$$

が成り立つ. 和集合上界より, ある v が存在して W が v に到達しない確率は $n/n^3 = 1/n^2$ である. この場合は補題 6.3.4 により, すべての頂点に到達するまでにかかるステップ数の期待値は $2m(n-1)$ で抑えられる. よって

$$C(G) \leq 2e^3 mR(G) \log n + \frac{1}{n^2} \cdot 2m(n-1) \leq 2e^3 mR(G) \log n + 2n$$

が成り立つ. $\qquad\qquad\qquad\qquad\qquad\qquad\qquad\qquad\qquad\qquad\Box$

この定理は, 最も有効抵抗の大きい二頂点が被覆時間の大きさを決定付けていることを表している.

6.4 疎カット

6.1.2 節では, グラフのコンダクタンスが大きいと混合時間が短くなること

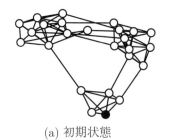 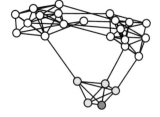

(a) 初期状態 （b) 1 ステップ目

 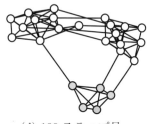

(c) 2 ステップ目 （d) 100 ステップ目

図 6.3 ランダムウォークを用いた疎なカットの計算.

を見た．逆にグラフ中にコンダクタンスが小さい頂点集合 $S \subseteq V$ があるとする．このとき，S 中の頂点からランダムウォークを適切なステップ数走らせると，S 中の頂点の滞在確率が外と比べて高くなり，S を検出できると期待できる．本節ではこの直感が正しく，ランダムウォークを用いたクラスタリングアルゴリズムが構築できることを見る．

例 6.4.1 図 6.3 は，クラスタ構造を持つグラフの一点から怠惰ランダムウォークを走らせ，その滞在確率を図示したものである（濃いほど滞在確率が高い）．下部に存在するクラスタを上手く見つけられていることが分かる．

6.4.1 有向グラフ上のランダムウォーク

本節の以降の議論では，無向グラフ上のランダムウォークを調べる際に，枝をどちらの向きに通ったのかを区別したいときがある．このような場合は，無向グラフの各枝 $\{u, v\}$ から二つの有向枝 $(u, v), (v, u)$ を作り，得られる有向グラフ上でランダムウォークを考えたほうが便利である．有向グラフ上のランダムウォークは以下のように定義される．

定義 6.4.2（有向グラフ上のランダムウォーク） $\vec{G} = (V, \vec{E})$ を（多重枝のない）有向グラフとする．頂点を値に取る確率変数の列 $v_1, v_2, \ldots,$ が，任意の非負整数 t に対して，

$$\Pr[v_{t+1} = v \mid v_t] = \begin{cases} \dfrac{1}{d_{v_t}^+} & v \in N^+(v_t) \text{ のとき,} \\[2mm] 0 & \text{その他のとき} \end{cases}$$

を満たすとき,$\vec{G}$ 上のランダムウォークであるという.多重枝があるグラフに対しては,v_t から v への枝が k 本の枝があるとき,$\Pr[v_{t+1} = v \mid v_t] = k/d_{v_t}^+$ とする.

6.4.2 ロヴァース–シモノビッチ曲線

与えられたグラフ $G = (V, E)$ に対して以下の操作を施してできる有向グラフを $\vec{G} = (V, \vec{E})$ とする.

- G の各枝 $\{u, v\} \in E$ に対して,双方向の有向枝 (u, v) と (v, u) を $\vec{G}$ に加える.
- 各頂点 $u \in V$ に対して,d_u 本の自己ループを $\vec{G}$ に加える.

有向グラフ $\vec{G}$ においては,どの頂点 $v \in V$ も $d_v^+ = d_v^- = 2d_v$ となっている.通る頂点列だけに着目すれば,有向グラフ $\vec{G}$ 上のランダムウォークは,無向グラフ G 上の怠惰ランダムウォークと等価である.

さて,$p^{(t)} \in \mathbb{R}^V$ を,$\vec{G}$ においてランダムウォークを t ステップ走らせたときの滞在確率の分布とする.次に $q^{(t)} \in \mathbb{R}^{\vec{E}}$ を対応する有向枝の通過確率の分布,すなわち $q_{uv}^{(t)} = p_u^{(t)}/d_u^+ = p_u^{(t)}/(2d_u)$ とする.同じ頂点から出る有向枝はすべて同じ通過確率を持つ.さて,頂点を

$$\frac{p_{v_1}^{(t)}}{d_{v_1}^+} \geq \frac{p_{v_2}^{(t)}}{d_{v_2}^+} \geq \cdots \geq \frac{p_{v_n}^{(t)}}{d_{v_n}^+}$$

となるように並び替え(ここで $v_1, v_2, \ldots, v_n$ は単に V を並び替えたものでありランダムウォークが生成する頂点列とは関係がない),$q^{(t)}$ の累積分布関数を $C^{(t)} : [4m] \to \mathbb{R}$ とする(m は無向グラフ G 中の枝の本数).具体的には,まず任意の $k \in \{0, 1, \ldots, n\}$ に対して,

$$C^{(t)} \left(\sum_{i=1}^{k} d_{v_i}^+ \right) = \sum_{i=1}^{k} p_{v_i}^{(t)}$$

と定義する.$C^{(t)}(0) = 0$ かつ $C^{(t)}(4m) = 1$ である.左辺に現れる値 $x_k^{(t)} := \sum_{i=1}^{k} d_{v_i}^+$ を**変曲点**と呼ぶことにする.$S_k^{(t)} := \{v_1, v_2, \ldots, v_k\}$ を(t に依存する)最初の k 点からなる頂点集合とすると,$x_k^{(t)} = 2 \cdot \mathrm{vol}_G(S_k^{(t)})$ である.特に

$$C^{(t)} \left(2 \cdot \mathrm{vol}_G(S_k^{(t)}) \right) = \sum_{v \in S_k^{(t)}} p_v^{(t)} =: p^{(t)}(S_k^{(t)})$$

が成り立つので,ランダムウォークが $S_k^{(t)}$ に滞在する確率を評価するのに便利である.次に,変曲点の間の値は線形に補間することで定める.こうして定義

された区分線形関数を**ロヴァース–シモノビッチ曲線**と呼ぶ．後に見るように ロヴァース–シモノビッチ曲線はどれほど速くランダムウォークが定常分布に 収束するかをコンダクタンスを利用して解析するのに有用である．

まずロヴァース–シモノビッチ曲線のいくつかの基本的な性質を見る．

補題 6.4.3 以下が成り立つ．

- $C^{(t)}$ は凹関数である．
- 任意の $x \pm s \in [0, 4m]$ なる $x, s \in \mathbb{R}$ と $0 \leq r < s$ に対して，

$$\frac{1}{2}\left(C^{(t)}(x-s) + C^{(t)}(x+s)\right) \leq \frac{1}{2}\left(C^{(t)}(x-r) + C^{(t)}(x+r)\right).$$

- 自己ループを含まない有向枝集合 $F \subseteq \vec{E}$ に対して，

$$q^{(t)}(F) := \sum_{e \in F} q_e^{(t)} \leq \frac{1}{2}C^{(t)}(2|F|).$$

証明 二つ目の主張を示す．$r = 0$ と置くことで一つ目の主張は直ちに従う． 二つ目の主張は $C^{(t)}(x+s) - C^{(t)}(x+r) \leq C^{(t)}(x-r) - C^{(t)}(x-s)$ と等価 である．$C^{(t)}$ の計算では，有向枝をその通過確率で並び替えているため，後に 出現する長さ $s-r$ の領域に対応する通過確率の積分値は，先に出現する長さ $s-r$ の領域に対応する通過確率の積分値を超えない．よって主張が成り立つ．

三つ目の主張は，F 中の枝 e に対応する自己ループは e と同じ通過確率を持 つことから直ちに従う． $\square$

例 6.4.4 図 6.4 は例 6.1.2 で用いたグラフとランダムウォークに対してロ ヴァース–シモノビッチ曲線を描いたものである．$C^{(0)}$ では一点に滞在確率が 集中しているので，x が小さいところですぐに値が 1 になるが，t が大きくな るにつれ，原点と点 $(4m, 1)$ を結ぶ直線に近づいていく様子が分かる．

6.4.3 定常分布への収束

定常分布ではすべての有向枝は同じ通過確率を持つので，ロヴァース–シモ ノビッチ曲線は $t \to \infty$ で直線となる（具体的には $\lim_{t \to \infty} C^{(t)}(x) = x/(4m)$ となる）．以下の定理は，グラフのコンダクタンス $\phi := \phi(G)$ が大きいときに その収束速度が速いことを示している．

補題 6.4.5 任意の初期分布 $p^{(0)} \in \mathbb{R}^V$，非負整数 t，$x \in [0, 4m]$ に対し，

- もし $x \leq 2m$ ならば，

$$C^{(t)}(x) \leq \frac{1}{2}\left(C^{(t-1)}(x - \phi x) + C^{(t-1)}(x + \phi x)\right),$$

- もし $x \geq 2m$ ならば，

$$C^{(t)}(x) \leq \frac{1}{2}\left(C^{(t-1)}(x - \phi(4m-x)) + C^{(t-1)}(x + \phi(4m-x))\right)$$

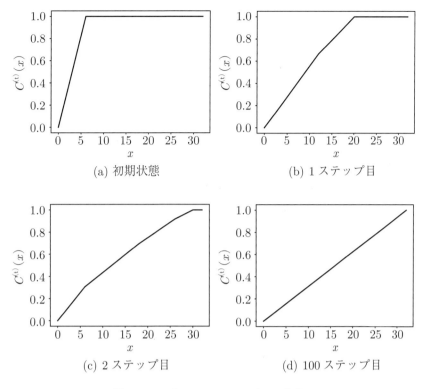

(a) 初期状態　　　　　　　(b) 1 ステップ目

(c) 2 ステップ目　　　　　　(d) 100 ステップ目

図 6.4　ロヴァース–シモノビッチ曲線.

が成り立つ.

　補題 6.4.3 よりロヴァース–シモノビッチ曲線は凹関数であるので, 平均を取る二点が離れていれば離れているほど, 今の値よりもその平均の値は小さくなる. 上記の定理は, その二点の距離がコンダクタンス ϕ に比例していることを示しており, コンダクタンスが大きいほど, 減少の幅が大きいことを示している.

補題 6.4.5 の証明　変曲点 $x = x_k^{(t)}$ についてのみ証明する. 他の点については凹性より従う.

　簡便性のため $S = S_k^{(t)}$ と略記し,

- $F_{\mathrm{self}} \subseteq \vec{E}$ を S の頂点から自身に伸びている自己ループの集合,
- $F_{\mathrm{out}} \subseteq \vec{E}$ を S の頂点から出る有向枝で自己ループ以外のものからなる集合,
- $F_{\mathrm{in}} \subseteq \vec{E}$ を S の頂点に入る有向枝で自己ループ以外のものからなる集合

と定義する. F_{in} と F_{out} の両方に属している有向枝もあり得る.

　時刻 t において S に属する頂点の総滞在確率 $p^{(t)}(S) := \sum_{v \in S} p_v^{(t)}$ は, S に入る枝の時刻 $t-1$ における総通過確率に等しい. よって

$$p^{(t)}(S) = q^{(t-1)}(F_{\mathrm{self}}) + q^{(t-1)}(F_{\mathrm{in}})$$

が成り立つ（$q^{(t-1)}(F) := \sum_{e \in F} q_e^{(t-1)}$ と定義する）．S の自己ループの総通過確率は，S の頂点から出る枝の総通過確率に等しいので，

$$q^{(t-1)}(F_{\text{self}}) = q^{(t-1)}(F_{\text{out}})$$

が成り立つ．よって

$$p^{(t)}(S) = q^{(t-1)}(F_{\text{out}}) + q^{(t-1)}(F_{\text{in}}) = q^{(t-1)}(F_{\text{in}} \cap F_{\text{out}}) + q^{(t-1)}(F_{\text{in}} \cup F_{\text{out}})$$

となる．ところで

$$|F_{\text{in}} \cap F_{\text{out}}| = \text{vol}_G(S) - e_G(S, V \setminus S),$$
$$|F_{\text{in}} \cup F_{\text{out}}| = \text{vol}_G(S) + e_G(S, V \setminus S)$$

であるので，補題 6.4.3 の三つ目の主張より

$$p^{(t)}(S) \leq \frac{1}{2} \Big(C^{(t-1)}(2\text{vol}_G(S) - 2e_G(S, V \setminus S)) \\ + C^{(t-1)}(2\text{vol}_G(S) + 2e_G(S, V \setminus S)) \Big)$$

が成り立つ．$2\text{vol}_G(S) \leq 2m$ とすると，$\phi\text{vol}_G(S) \leq e_G(S, V \setminus S) \leq 2e_G(S, V \setminus S)$ であるので，補題 6.4.3 の二つ目の主張より

$$p^{(t)}(S) \leq \frac{1}{2} \Big(C^{(t-1)}(2\text{vol}_G(S) - \phi\text{vol}_G(S)) + C^{(t-1)}(2\text{vol}_G(S) + \phi\text{vol}_G(S)) \Big)$$

が成り立つ．$x = x_k^{(t)} = 2\text{vol}_G(S)$ なので

$$p^{(t)}(S) \leq \frac{1}{2} \Big(C^{(t-1)}(x - \phi\text{vol}_G(S)) + C^{(t-1)}(x + \phi\text{vol}_G(S)) \Big).$$

が成り立つ．

$x \geq 2m$ の場合の議論も同様である．□

$\vec{G}$ 上のランダムウォーク（および G 上の怠惰ランダムウォーク）の定常分布 $\pi^* \in \mathbb{R}^V$ は $\pi_v^* = d_v/(2m)$（$v \in V$）と書ける．現在の滞在確率が $p = \pi^*$ のとき，ロヴァース–シモノビッチ曲線は直線 $x \mapsto x/(4m)$ となる．時刻 t におけるロヴァース–シモノビッチ曲線 $C^{(t)}$ とこの直線がどれぐらいずれているか見積もるために，新たな曲線

$$U^{(t)}(x) = \frac{x}{4m} + \min\left\{\sqrt{x}, \sqrt{4m-x}\right\} \left(1 - \frac{1}{8}\phi^2\right)^t$$

を導入する．

補題 6.4.6 任意の非負整数 t と $x \in [0, 4m]$ に対して $C^{(t)}(x) \leq U^{(t)}(x)$ が成り立つ．

証明 $x = 0$ または $x = 4m$ のときは主張は自明に成り立つので，$x \in (0, 4m)$

とする.

数学的帰納法で証明する. $t = 0$ のときに主張が成り立つことは簡単に確認できる.

次に $t - 1$ で主張が成り立っていると仮定して,t で主張が成り立つことを確認する. このためには以下を示せばよい.

- 任意の $x \in (0, 2m]$ に対して,

$$\frac{1}{2}\left(U^{(t-1)}(x - \phi x) + U^{(t-1)}(x + \phi x)\right) \leq U^{(t)}(x). \tag{6.2}$$

- 任意の $x \in [2m, 4m)$ に対して,

$$\frac{1}{2}\left(U^{(t-1)}(x - \phi(4m - x)) + U^{(t-1)}(x + \phi(4m - x))\right) \leq U^{(t)}(x). \tag{6.3}$$

実際,補題 6.4.5 から

- 任意の $x \in (0, 2m]$ に対して,式 (6.2) より,

$$
\begin{aligned}
C^{(t)}(x) &\leq \frac{1}{2}\left(C^{(t-1)}(x - \phi x) + C^{(t-1)}(x + \phi x)\right) \\
&\leq \frac{1}{2}\left(U^{(t-1)}(x - \phi x) + U^{(t-1)}(x + \phi x)\right) \leq U^{(t)}(x),
\end{aligned}
$$

- 任意の $x \in [2m, 4m)$ に対して,式 (6.3) より,

$$
\begin{aligned}
C^{(t)}(x) &\leq \frac{1}{2}\left(C^{(t-1)}(x - \phi(4m - x)) + C^{(t-1)}(x + \phi(4m - x))\right) \\
&\leq \frac{1}{2}\left(U^{(t-1)}(x - \phi(4m - x)) + U^{(t-1)}(x + \phi(4m - x))\right) \leq U^{(t)}(x)
\end{aligned}
$$

となり,補題の主張が示せる.

ここでは式 (6.2) を示す(式 (6.3) も同様に証明できる).$x \in (0, 2m]$ のとき,

$$
\begin{aligned}
&\frac{1}{2}\left(U^{(t-1)}(x - \phi x) + U^{(t-1)}(x + \phi x)\right) \\
&\leq \frac{x}{4m} + \frac{1}{2}\left(\sqrt{x - \phi x} + \sqrt{x + \phi x}\right)\left(1 - \frac{1}{8}\phi^2\right)^{t-1} \\
&= \frac{x}{4m} + \frac{\sqrt{x}}{2}\left(\sqrt{1 - \phi} + \sqrt{1 + \phi}\right)\left(1 - \frac{1}{8}\phi^2\right)^{t-1}
\end{aligned}
$$

が成り立つ. テイラー展開を行うと

$$\sqrt{1 + \phi} = 1 + \frac{1}{2}\phi - \frac{1}{8}\phi^2 + \frac{1}{16}\phi^3 \quad \cdots$$

であるから,

$$
\begin{aligned}
&\frac{1}{2}\left(U^{(t-1)}(x - \phi x) + U^{(t-1)}(x + \phi x)\right) \\
&\leq \frac{x}{4m}
\end{aligned}
$$

$$+ \frac{\sqrt{x}}{2}\left(1 - \frac{1}{2}\phi - \frac{1}{8}\phi^2 - \frac{1}{16}\phi^3 - \cdots + 1 + \frac{1}{2}\phi - \frac{1}{8}\phi^2 + \frac{1}{16}\phi^3 - \cdots\right)$$

$$\times \left(1 - \frac{1}{8}\phi^2\right)^{t-1}$$

$$\leq \frac{x}{4m} + \sqrt{x}\left(1 - \frac{1}{8}\phi^2\right)^{t-1} = U^{(t)}(x)$$

が成り立つ. □

以下の補題は, $S_k^{(t)}$ という形で表せる頂点集合の滞在確率が, 定常分布におけるそれに, どれほど速く収束するかを示している. 定理 6.1.4 ではグラフ全体に対する収束しか評価できなかったが, この補題は小さな頂点集合も扱える点が異なる.

補題 6.4.7 正整数 t と $k \in \{0, 1, 2, \ldots, n\}$ に対して, $S = S_k^{(t)}$ と置く. このとき

$$p^{(t)}(S) - \pi^*(S) \leq \sqrt{2\mathrm{vol}_G(S)}\left(1 - \frac{1}{8}\phi^2\right)^t$$

が成り立つ. ただし $\pi^*(S) := \sum_{v \in S} \pi_v^* = \mathrm{vol}_G(S)/(2m)$ である.

証明 補題 6.4.6 より, 任意の $x \in [0, 4m]$ に対して $U^{(t)}(x) - C^{(t)}(x) \geq 0$ が成り立つ.

$\mathrm{vol}_G(S) \leq m$ と仮定する. $x = 2\mathrm{vol}_G(S)$ を代入すると,

$$0 \leq U^{(t)}(2\mathrm{vol}_G(S)) - C^{(t)}(2\mathrm{vol}_G(S))$$

$$= \frac{2\mathrm{vol}_G(S)}{4m} + \sqrt{2\mathrm{vol}_G(S)}\left(1 - \frac{1}{8}\phi^2\right)^t - p^{(t)}(S).$$

この式を整理すると主張が得られる.

次に $\mathrm{vol}_G(S) \geq m$ と仮定する. 上の議論と同様にして,

$$p^{(t)}(S) - \frac{\mathrm{vol}_G(S)}{2m} \leq \sqrt{4m - 2\mathrm{vol}_G(S)}\left(1 - \frac{1}{8}\phi^2\right)^t$$

$$\leq \sqrt{2\mathrm{vol}_G(S)}\left(1 - \frac{1}{8}\phi^2\right)^t$$

が得られる. □

上記の補題では $S_k^{(t)}$ という形をした S のみを扱っているが, ロヴァース-シモノビッチ曲線が凹関数であることを利用することで, 以下が得られる.

系 6.4.8 任意の正整数 t と任意の集合 $S \subseteq V$ に対して,

$$p^{(t)}(S) - \pi^*(S) \leq \sqrt{2\mathrm{vol}_G(S)}\left(1 - \frac{1}{8}\phi^2\right)^t$$

が成り立つ.

また補題 6.4.5 の証明では，コンダクタンスは $S_k^{(t)}$ の形をした集合でしか考えていない．よって以下が示せる.

系 6.4.9 正整数 t に対して,

$$\theta_t = \min_{0 \leq \tau \leq t, 1 \leq k \leq n-1} \phi_G(S_k^{(\tau)})$$

と置く．このとき，任意の $k \in \{0, 1, \ldots, n\}$ に対して,

$$p^{(t)}(S_k^{(t)}) - \pi^*(S_k^{(t)}) \leq \sqrt{2\mathrm{vol}_G(S_k^{(t)})} \left(1 - \frac{1}{8}\theta_t^2\right)^t$$

が成り立つ.

6.4.4 滞在確率の漏出量

補題 6.4.7 で見たように，ロヴァース–シモノビッチ曲線はランダムウォークの滞在確率を，グラフのコンダクタンスを用いて上から抑えるのに有用であった．本節では逆に，滞在確率をコンダクタンスを用いて下から抑えることを考える.

まず，頂点集合 $S \subseteq V$ に対して，ベクトル $\psi_S \in \mathbb{R}^V$ を

$$(\psi_S)_v = \begin{cases} \dfrac{d_v}{\mathrm{vol}_G(S)} & v \in S \text{ のとき,} \\ 0 & \text{その他のとき} \end{cases}$$

と定義する．またベクトル $x \in \mathbb{R}^V$ に対して，$\|x\|_\infty := \max_{v \in V} |x_v|$ を x の ℓ_∞ ノルムとする.

補題 6.4.10 集合 $S \subseteq V$ に対して，G 上の怠惰ランダムウォークの初期ベクトルを $p^{(0)} = \psi_S$ とする．このとき，$p^{(t)}(S) \geq 1 - t\phi_G(S)/2$ が成り立つ.

コンダクタンスの定義から，一ステップ目で S から漏出する滞在確率が高々 $\phi_G(S)$ であることは簡単に分かる．この補題は，その性質がどのステップにおいても成り立つことを示している.

補題 6.4.10 の証明 $P = I/2 + AD^{-1}/2$ を G 上の怠惰ランダムウォークの遷移行列とする．対角行列 $I_S \in \mathbb{R}^{V \times V}$ を,

$$(I_S)_{uv} = \begin{cases} 1 & u = v \in S \text{ のとき,} \\ 0 & \text{その他のとき} \end{cases}$$

と定義する．すると $P\psi_S$ は，一ステップ後の滞在確率の分布であり，$\mathbf{1}^\top I_S P \psi_S$ は S に留まる確率である．よって，$\mathbf{1}^\top (I_S P)^t \psi_S$ は t ステップの間常に S の

中に留まり続ける確率を表す.

帰納法によって, 任意の非負整数 t で以下が成り立つことを示す.

$$\|D^{-1}(I_SP)^t\psi_S\|_\infty \leq \frac{1}{\mathrm{vol}_G(S)}. \tag{6.4}$$

$t = 0$ のときは, $\|D^{-1}\psi_S\|_\infty \leq 1/\mathrm{vol}_G(S)$ から従う.

$t \geq 1$ とし, $t-1$ のときに式 (6.4) が成り立っているとする. ベクトル $x \in \mathbb{R}^V$ が $\|D^{-1}x\|_\infty \leq 1/\mathrm{vol}_G(S)$ を満たすとき,

$$\begin{aligned}
\|D^{-1}(I_SP)x\|_\infty = \|I_SD^{-1}Px\|_\infty &\leq \|D^{-1}Px\|_\infty \\
&= \|D^{-1}PDD^{-1}x\|_\infty = \|P^\top D^{-1}x\|_\infty \\
&\leq \|D^{-1}x\|_\infty \leq \frac{1}{\mathrm{vol}_G(S)}
\end{aligned}$$

が成り立つ. よって式 (6.4) は t でも成り立つ.

次に任意の非負整数 t について

$$\mathbf{1}^\top(I_SP)^t\psi_S - \mathbf{1}^\top(I_SP)^{t+1}\psi_S \leq \frac{\phi_G(S)}{2}$$

が成り立つことを示す. これが成り立てば, $\mathbf{1}^\top\psi_S = 1$ から補題の主張が得られる.

$\mathbf{1}^\top P = \mathbf{1}^\top$ であるので,

$$\begin{aligned}
&\mathbf{1}^\top(I_SP)^t\psi_S - \mathbf{1}^\top(I_SP)^{t+1}\psi_S \\
&= \mathbf{1}^\top(I - I_SP)(I_SP)^t\psi_S \\
&= \mathbf{1}^\top(P - I_SP)(I_SP)^t\psi_S \\
&= \mathbf{1}^\top(I - I_S)P(I_SP)^t\psi_S \\
&= \mathbf{1}_{V\setminus S}^\top P(I_SP)^t\psi_S \\
&= \frac{1}{2}\mathbf{1}_{V\setminus S}^\top(I + AD^{-1})(I_SP)^t\psi_S \\
&= \frac{1}{2}\mathbf{1}_{V\setminus S}^\top(AD^{-1})(I_SP)^t\psi_S \qquad (\mathbf{1}_{V\setminus S}^\top I I_S = \mathbf{0} \ \text{より}) \\
&\leq \frac{1}{2}e(S, V\setminus S)\|D^{-1}(I_SP)^t\psi_S\|_\infty \\
&\leq \frac{1}{2}\frac{e(S, V\setminus S)}{\mathrm{vol}_G(S)} \qquad (\text{式 6.4 より}) \\
&\leq \frac{\phi_G(S)}{2}.
\end{aligned}$$

が成り立つ. $\qquad\qquad\qquad\qquad\qquad\qquad\qquad\qquad\qquad\qquad\qquad\qquad$ □

6.4.5 疎カットの計算

これまでランダムウォークとコンダクタンスの関係を見てきたが, これらの

アルゴリズム 6.1: ランダムウォークに基づく疎カットの計算

---

1 **Procedure** RWSparseCut($G = (V, E)$)

2 $\quad T \leftarrow n^2/4;$

3 $\quad$ **for** $v \in V$ **do**

4 $\quad\quad$ 初期ベクトル $p^{(0)} = \mathbf{1}_v$ とした怠惰ランダムウォークを考え，すべての $0 \leq t \leq T$ と $k \in \{1, 2, \ldots, n-1\}$ に対して，集合 $S_k^{(t)}$ を計算する.

5 $\quad$ **return** 計算された集合の中で最もコンダクタンスが小さいものを返す.

事実を元にコンダクタンスの小さい集合を見つけるアルゴリズムを設計することができる（アルゴリズム 6.1）.

定理 6.4.11 任意のグラフ $G = (V, E)$ に対して，アルゴリズム 6.1 はコンダクタンスが $O(\sqrt{\phi(G) \log n})$ の集合を返す.

証明 アルゴリズム 6.1 とは異なる以下のアルゴリズムを考える. $S \subseteq V$ をコンダクタンスが $\phi := \phi(G)$ で $\mathrm{vol}_G(S) \leq m$ の集合とする. 初期分布を $p^{(0)} = \psi_S$ として，ランダムウォークを $T' := 1/(4\phi)$ ステップ走らせることで得られる集合 $\{S_k^{(t)}\}$ を考える.

補題 6.4.10, $p^{(t)}$ の線形性，マルコフの不等式より，始点 $v \in S$ に関して $1/2$ 以上の確率で

$$p^{(t)}(S) \geq 1 - \frac{2T'\phi(S)}{2} \geq \frac{3}{4}$$

が成り立つ.

次に

$$\theta := \min_{0 \leq \tau \leq T', 1 \leq k \leq n-1} \phi(S_k^{(\tau)})$$

と定義すると，系 6.4.9 より，

$$\frac{1}{4} = \frac{3}{4} - \frac{1}{2} \leq p^{(t)}(S) - \pi^*(S) \leq \sqrt{\mathrm{vol}_G(S)} \left(1 - \frac{1}{8}\theta^2\right)^t \leq \sqrt{2m} \exp\left(-\frac{t\theta^2}{8}\right)$$

である（$1 - x \leq \exp(-x)$ を用いた）. よって

$$\theta \leq \sqrt{\frac{8\log(4\sqrt{2m})}{t}} = O\left(\sqrt{\phi \log m}\right) = O\left(\sqrt{\phi \log n}\right)$$

が成り立つ.

さて $\phi \geq 1/n^2$ であるので，$T \geq 1/(4\phi) = T'$ である. よって上記のアルゴリズムで見つかる頂点集合はアルゴリズム 6.1 でも見つかるので，定理が成り立つ. $\qquad\square$

定理 6.4.11 が保証するコンダクタンスはチーガー不等式で得られるコンダ

クタンス $O(\sqrt{\phi}(G))$ と近い.

出典および関連する話題

　ランダムウォークはグラフ上の確率過程として興味深いだけではなく，乱択アルゴリズムの脱乱択化[63]や，確率分布や多面体からのサンプリング[90]などに応用を持つ.

　本章で大きくは取り上げなかったが実用的に使われている概念としてページランクがある[23]. これはパラメータ $0 < \alpha < 1$ に対して，確率 $1 - \alpha$ でランダムウォークと同じように隣接頂点に移動し，確率 α でランダムな頂点に移動するという確率過程を考えたときの定常分布である. ページランクは

$$p = (1 - \alpha)AD^{-1}p + \frac{\alpha}{n}\mathbf{1}$$

の解 $p \in \mathbb{R}^V$ として書くこともできる. ページランクはウェブページのランキングに用いられていたことでよく知られている. 具体的にはウェブページを頂点，ハイパーリンクを有向枝と見立ててできる有向グラフのページランクを計算し，その値が大きければ大きいほど重要なウェブページであるとみなす. 実用的には $\alpha = 0.15$ 程度に選ぶことが多い. ページランクの様々な応用については [55] が詳しい.

　通勤時間と有効抵抗の関係（定理 6.3.3）は [28] において示された. ランダムウォークと電気回路の間のより深い関係については [3], [44] などを参照されたい.

　ロヴァース–シモノビッチ曲線は [89] において導入され，ランダムウォークを解析する上での基本的な道具となっている. 本章で紹介したアルゴリズム6.1 はすべての頂点からランダムウォークを走らせたときの滞在確率を計算する必要があるので，その時間計算量は（多項式時間ではあるものの）大きい. それに対して，滞在確率を更新しながら，小さい滞在確率は0に丸め，考慮しなければならない頂点数を出力集合のサイズ程度に抑えながらコンダクタンスの小さい集合を見つけるアルゴリズムが知られている[126]. これはグラフ全体を見る必要がない局所的なアルゴリズムになっている. また（無向グラフに対する）ページランク[9]や熱核[34], [35], [37]などランダムウォークと関連の深い概念を基に良いクラスタを見つける局所的なアルゴリズムも知られている.

　上記の局所的なアルゴリズムを再帰的に適用することで，グラフから少数の枝を取り除くだけで，コンダクタンスの大きいグラフ（エキスパンダー）にほぼ線形時間で分割することができる. ある種のアルゴリズムにとってはエキスパンダーは扱いが易しい場合があり（例えば8章で扱う疎化や，グラフの変化に応じて高速に解を更新する動的アルゴリズム[117]など），この分解によりアルゴリズムを高速化することができる.

第 7 章
頂点膨張率と最速混合問題

頂点集合 $\emptyset \subsetneq S \subsetneq V$ に対して，$\partial(S) = \{v \in V \setminus S : \exists u \in S, \{u, v\} \in E\}$ を S の境界頂点集合とする．次に S と G の**頂点膨張率**をそれぞれ

$$\psi(S) = \frac{|\partial(S)|}{\min\{|S|, |V \setminus S|\}},$$

$$\psi(G) = \min_{\emptyset \subsetneq S \subsetneq V} \psi(S)$$

とする．これは 5 章で見た膨張率を，枝の代わりに頂点を用いて定義したものであり，頂点膨張率が小さい頂点集合も良いクラスタとみなすことができる．

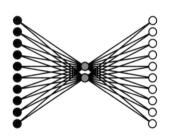

図 7.1 頂点膨張率の例：黒い点からなる頂点集合のコンダクタンスは大きいが頂点膨張率は小さい．

例 7.0.1 図 7.1 で，黒い頂点からなる集合を S とすると，$\partial(S)$ は灰色で塗られた中央の二点からなる頂点集合である．S のコンダクタンスは大きいが，頂点膨張率は $2/10 = 1/5$ と小さい．

頂点膨張率の計算も（枝）膨張率やコンダクタンスと同様に NP 困難であるので，多項式時間で良い近似が得られないかを考えることは自然である．本章では，最速混合問題と呼ばれる問題から得られる量を用いて，コンダクタンスに対するチーガー不等式（定理 5.3.1）と同様の不等式を示す（定理 7.1.2）．頂点膨張率はコンダクタンスと比べて扱うのが難しく，多くの議論が必要になる．本章では，線形計画法と半正定値計画法に対する基本的な知識を仮定する．

7.1 最速混合問題とその性質

最速混合問題は，グラフ $G = (V, E)$ と確率分布 $\pi \in \mathbb{R}^V$ が与えられたときに，グラフの各枝 $\{u, v\} \in E$ に遷移確率 $P_{uv} \geq 0$ と $P_{vu} \geq 0$ を与え（それぞれ u から v に移動する確率，v から u に移動する確率を表すことにする），

- P に従う（有向）ランダムウォークの定常分布が π になるようにし，
- 定常分布 π に混合するまでの時間（6.1.2 節参照）をできるだけ短くする

という問題である．ここでは，t ステップ目にいる点を v_t と書くことにすると，頂点 v_t の分布が $\Pr[v_t = v \mid v_{t-1}] = P_{v_{t-1}v}$ に従うランダムウォークを考えている．

本節では，まず最速混合問題を最適化問題として定式化し，その後その性質について調べる．

7.1.1 最速混合問題の定式化と頂点膨張率に対するチーガー不等式

最速混合問題を最適化問題として定式化することを考える．まず自明な条件として，$\{u, v\} \notin E$ のときは $P_{uv} = P_{vu} = 0$ とする．次に，P が遷移確率となるためには，任意の $u \in V$ に対して $\sum_{v \in V} P_{uv} = 1$ でなければならない．また P の定常分布が π であるので，$\pi^\top = \pi^\top P$ が成り立つ必要がある．ここでは P を $V \times V$ 行列と同一視したが，P_{uv} が v から u ではなく u から v に移動する確率を表しているため，6 章と異なり π を P の左側からかける必要がある．定常分布に関する条件を満たすための一つの方法として**時間可逆性**

$$\pi_u P_{uv} = \pi_v P_{vu}, \quad \forall \{u, v\} \in E$$

を制約として課すことが考えられる．実際，時間可逆性が成り立っているとき，

$$(\pi^\top P)_u = \sum_{v \in V} \pi_v P_{vu} = \sum_{v \in V} \pi_u P_{uv} = \pi_u$$

が得られる．行列 $Q \in \mathbb{R}^{V \times V}$ を $Q_{uv} = \sqrt{\pi_u} P_{uv}/\sqrt{\pi_v}$ $(u, v \in V)$ と定義する．このとき

$$Q_{uv} = \frac{\sqrt{\pi_u} P_{uv}}{\sqrt{\pi_v}} = \frac{\sqrt{\pi_u} P_{vu}}{\sqrt{\pi_v}} \frac{\pi_v}{\pi_u} = \frac{\sqrt{\pi_v} P_{vu}}{\sqrt{\pi_u}} = Q_{vu}$$

であり，Q は対称行列であることが分かる．よって Q の固有値はすべて実数である．さらに定理 6.1.3 の証明と同様の議論により，Q の最大固有値は 1 であり，すべての固有値は $[-1, 1]$ の範囲に収まっていることが分かる．P と Q の固有値は等しいので，P についても同様のことが言える．P の固有値を $\alpha_1(P) = 1 \geq \alpha_2(P) \geq \cdots \geq \alpha_n(P) \geq -1$ と書くことにする．

6.1.2 節の議論より，混合時間は P のスペクトルギャップ $\min\{1 - \alpha_2(P), 1 - |\alpha_n(P)|\}$ で決まる．ここでは第二固有値を用いて，最速混合問題を以下のよ

うに定式化する[*1)].

$$
\begin{aligned}
\lambda_2^*(G) := \text{maximize} \quad & 1 - \alpha_2(P), \\
\text{subject to} \quad & P_{uv} = 0 && \forall \{u, v\} \notin E, \\
& \sum_{v \in V} P_{uv} = 1 && \forall u \in V, \\
& \pi_u P_{uv} = \pi_v P_{vu} && \forall \{u, v\} \in E, \\
& P_{uv} \geq 0 && \forall u, v \in V.
\end{aligned}
\tag{7.1}
$$

この問題が常に解を持つように，すべての頂点には自己ループが存在すると仮定する（$P_{uu} = 1$ ($u \in V$), $P_{uv} = 0$ ($u \neq v$) という解がある）．$\lambda_2^*(G)$ を最適 G の（π に関する）**最適スペクトルギャップ**と呼ぶ．式 (7.1) の制約を毎回書くのは煩雑であるので，これらの制約を満たす P の集合を $\mathcal{P}_\pi$ とし，$P \in \mathcal{P}_\pi$ と略記することにする．

例 7.1.1 4 頂点からなる長さ 3 の道グラフ G を考える．定常分布を $\pi = 1/n = 1/4$ としたとき，最速混合問題の最適解は

$$
P^* = \begin{pmatrix}
1/2 & 1/2 & 0 & 0 \\
1/2 & 0 & 1/2 & 0 \\
0 & 1/2 & 0 & 1/2 \\
0 & 0 & 1/2 & 1/2
\end{pmatrix}
$$

であり，その固有値は $1, 1/\sqrt{2}, 0, -1/\sqrt{2}$ となる．よって最適スペクトルギャップは $\lambda_2^*(G) = 1 - \alpha_2(P^*) = 1 - 1/\sqrt{2} \approx 0.293$ となる．

グラフを入力として取る関数 f, g に対し，$f(G) \lesssim g(G)$ で，ある定数 $C > 0$ が存在し $f(G) \leq Cg(G)$ が任意のグラフ G で成り立つことを指すことにする．本章の目標は，頂点膨張率と最適スペクトルギャップを結ぶ以下の不等式を示すことである．

定理 7.1.2（頂点膨張率に対するチーガー不等式） 任意のグラフ $G = (V, E)$ と一様分布 $\pi = 1/n$ に対して

$$
\lambda_2^*(G) \lesssim \psi(G) \lesssim \sqrt{\lambda_2^*(G) \log n}
$$

が成り立つ．

最適スペクトルギャップがなぜ頂点膨張率と関係あるのかは，問題 (7.1) を見ても理解が難しいが，後に見る双対問題を考えることで見通しが良くなる．

元々のチーガー不等式（定理 5.3.1）とは異なり，右側の不等式に $\sqrt{\log n}$ が入っているが，章末で詳しく述べるように，この依存は取り除けないと予想さ

[*1)] 最速混合という意味では $\alpha_n(P)$ も考慮すべきだが頂点膨張率の議論には必要ないので，ここでは考えない．

れている.

以降の議論では π はすべて一様分布とする.このとき,上で述べた行列 Q は P に一致するので P は対称行列となる.また $\mathcal{P}_\pi$ を $\mathcal{P}$ と略記する.

7.1.2 最速混合問題の効率的な計算

本書の主眼は高速なアルゴリズムを作ることではないが,本章の目標は最適スペクトルギャップ $\lambda_2^*(G)$ を用いて頂点膨張率を近似することであり,$\lambda_2^*(G)$ が多項式時間で計算できなければ意味がない.そこで $\lambda_2^*(G)$ が多項式時間で計算できることについて簡単に確認しておく.

式 (7.1) を解くには,$\alpha_2(P)$ が多項式時間で最小化できればよい.クーラン–フィッシャーの定理(補題 1.2.2)より,

$$\alpha_2(P) = \max_{x \in \mathbb{R}^V : \|x\|_2 \le 1, x \perp \mathbf{1}} x^\top P x$$

と書けるが,これは P に関する(無限個の)線形関数の最大値であるので,P に関する凸関数となっている.よって $\lambda_2^*(G)$ の計算は凸集合上の凸関数最小化となっており,楕円体法などのアルゴリズムを用いることで多項式時間で計算することができる.

7.1.3 半正定値計画問題としての定式化

本小節では,最速混合問題の目的関数 $1 - \alpha_2(P)$ が半正定値計画問題として書くことができることを示す.これにより,その双対を考えることができるようになり,最適スペクトルギャップ $\lambda_2^*(G)$ の別表現を与えることができるようになる.この別表現は頂点膨張率に対するチーガー不等式(定理 7.1.2)を証明する際に用いる.

まず最初に以下の事実を示す.

補題 7.1.3 任意の $P \in \mathcal{P}$ に対して

$$1 - \alpha_2(P) = \min_{\substack{\{x_v \in \mathbb{R}^n\}_{v \in V} : \\ \sum_{v \in V} x_v = \mathbf{0}}} \frac{\sum_{\{u,v\} \in E} \|x_u - x_v\|^2 P_{uv}}{\sum_{v \in V} \|x_v\|^2}$$

が成り立つ.

証明 クーラン–フィッシャーの定理(補題 1.2.2)より,

$$1 - \alpha_2(P)$$
$$= \lambda_2(I - P) \qquad (\lambda_2(I - P) \text{ は } I - P \text{ の下から二番目の固有値})$$
$$= \min_{x \in \mathbb{R}^V, x \perp \mathbf{1}} \frac{x^\top (I - P) x}{\|x\|^2}$$
$$= \min_{x \in \mathbb{R}^V, x \perp \mathbf{1}} \frac{\sum_{\{u,v\} \in E} (P_{uv} x_u^2 + P_{uv} x_v^2 - 2 P_{uv} x_u x_v)}{\|x\|^2}$$
$$\qquad\qquad\qquad\qquad (\textstyle\sum_{v \in V} P_{uv} = 1 \ (u \in V) \text{ より})$$

$$= \min_{x \in \mathbb{R}^V, x \perp \mathbf{1}} \frac{\sum_{\{u,v\} \in E} P_{uv}(x_u - x_v)^2}{\|x\|^2}$$

が成り立つ.

x は各頂点に値を一つ割り当てるが，これを n 次元のベクトルにしたものが，補題の主張の右辺である．これにより定義域が広がるので，（右辺）$\leq$（左辺）が成り立つ.

次に逆を示す．右辺の最小化問題の最適解を $\{x_v \in \mathbb{R}^n\}_{v \in V}$ とする．$i \in \{1, 2, \ldots, n\}$ に対して，x_v の i 番目の要素を x_{vi} と書くことにする．すると右辺は

$$\frac{\sum_{i=1}^n \sum_{\{u,v\} \in E} P_{uv}(x_{ui} - x_{vi})^2}{\sum_{i=1}^n \sum_{v \in V} x_{vi}^2}$$

と要素ごとに分解することができる.

任意の $a_1, a_2, \ldots, a_n, b_1, b_2, \ldots, b_n \geq 0$ に対して

$$\min_{1 \leq i \leq n} \frac{a_i}{b_i} \leq \frac{\sum_{i=1}^n a_i}{\sum_{i=1}^n b_i}$$

が成り立つので，ある $\hat{i}$ が存在し，ベクトル $\hat{x} \in \mathbb{R}^V$ を $x_v = x_{v\hat{i}}$ $(v \in V)$ と置くと，

$$（右辺）\geq \frac{\sum_{\{u,v\} \in E} P_{uv}(\hat{x}_u - \hat{x}_v)^2}{\sum_{v \in V} \hat{x}_v^2} \geq 1 - \alpha_2(P) = （左辺）$$

が成り立つ. $\qquad \square$

補題 7.1.3 の右辺は，行列 $Y \in \mathbb{R}^{n \times n}$ に関する以下の半正定値計画問題として表現できる.

$$\begin{aligned}
\text{minimize} \quad & \sum_{\{u,v\} \in E} (Y_{uu} - 2Y_{uv} + Y_{vv}) \cdot P_{uv}, \\
\text{subject to} \quad & \sum_{v \in V} Y_{vv} = 1, \\
& \sum_{u,v \in V} Y_{uv} = 0, \\
& Y \succeq 0.
\end{aligned} \qquad (7.2)$$

Y は半正定値であるから定理 1.3.1 より，行列 Y から $Y_{uv} = \langle x_u, x_v \rangle$ を満たすようなベクトル $x_v \in \mathbb{R}^n$ $(v \in V)$ を得ることができる．目的関数は補題 7.1.3 の右辺の分子を表しており，一つ目の制約は分母を 1 にする正規化である．二つ目の制約は $\sum_{u,v \in V} \langle x_u, x_v \rangle = \|\sum_{v \in V} x_v\|^2 = 0$ と等価であり，これはさらに $\sum_{v \in V} x_v = \mathbf{0}$ という制約と等価である．よって上記の半正定値計画問題は補題 7.1.3 の右辺と等価である．これは最速混合問題が多項式時間で解けることの別の説明にもなっている.

7.1.4 双対問題

半正定値計画問題として表現したことで，その双対問題を考えることができるようになる．以下の定理を用いる．

定理 7.1.4（フォン・ノイマンのミニマックス定理） X, Y をコンパクトな凸集合とし，$f : X \times Y \to \mathbb{R}$ を連続関数とする．もし任意の $x \in X$ について $f(x, \cdot)$ が Y 上で凹関数であり，任意の $y \in Y$ について $f(\cdot, y)$ が X 上で凸関数であれば

$$\min_{x \in X} \max_{y \in Y} f(x, y) = \max_{y \in Y} \min_{x \in X} f(x, y)$$

が成り立つ．

フォン・ノイマンのミニマックス定理を用いて最適スペクトルギャップ $\lambda_2^*(G)$ の別表現を与えることができる．

補題 7.1.5 $\lambda_2^*(G)$ は以下に定義される $\gamma(G)$ と等しい．

$$
\begin{aligned}
\gamma(G) := \text{minimize} \quad & \frac{\sum_{v \in V} y_v}{\sum_{v \in V} \|x_v\|^2}, \\
\text{subject to} \quad & \sum_{v \in V} x_v = \mathbf{0}, \\
& y_u + y_v \geq \|x_u - x_v\|^2 \quad \forall \{u, v\} \in E, \\
& x_v \in \mathbb{R}^n \qquad\qquad\qquad \forall v \in V, \\
& y_v \geq 0 \qquad\qquad\qquad\quad \forall v \in V.
\end{aligned}
\tag{7.3}
$$

証明 $\lambda_2^*(G) = \max\{1 - \alpha_2(P)\}$ は，補題 7.1.3 の右辺を $P \in \mathcal{P}$ に関して，最大化したものである．これらの最大化問題と最小化問題の定義域はコンパクトであり，フォン・ノイマンのミニマックス定理の仮定を満たすので，最大化と最小化を入れ替えることで，

$$\lambda_2^*(G) = \min_{\substack{\{x_v \in \mathbb{R}^n\}_{v \in V}: \\ \sum_{v \in V} x_v = \mathbf{0}}} \max_{P \in \mathcal{P}} \frac{\sum_{\{u,v\} \in E} P_{uv} \|x_u - x_v\|^2}{\sum_{v \in V} \|x_v\|^2}$$

と書き直せる．内側の最大化問題は P に関する線形計画問題であるのでさらに双対を取ることで

$$
\begin{aligned}
\lambda_2^*(G) = \min_{\substack{\{x_v \in \mathbb{R}^n\}_{v \in V}: \\ \sum_{v \in V} x_v = \mathbf{0}}} \quad & \min_{y \in \mathbb{R}^V} \sum_{v \in V} y_v, \\
\text{subject to} \quad & y_u + y_v \geq \frac{\|x_u - x_v\|^2}{\sum_{v \in V} \|x_v\|^2} \quad \forall \{u, v\} \in E, \\
& y_v \geq 0 \qquad\qquad\qquad\quad\; \forall v \in V
\end{aligned}
$$

となる．ここで y_u は $\sum_{v \in V} P_{uv} = 1$ に対応する変数である．$y_u \geq 0$ という制約は，頂点 u に自己ループがあるため P_{uu} が変数であることから得られる．この双対が $\gamma(G)$ に一致することは簡単に確認できる． $\qquad\square$

問題 (7.3) は，グラフの頂点を x_v を使って n 次元空間に埋め込んでいると
みなせる．枝 $\{u, v\}$ の「重み」$\|x_u - x_v\|^2$ は，端点間のユークリッド距離の
二乗である．目的関数を小さくするためには，枝の重みはできるだけ小さく
し，かつ重い枝の端点は共有するようにしたほうがよい．そこで頂点膨張率の
小さい頂点集合 $S \subseteq V$ に対して，すべての $u \in S$ を $\mathbb{R}^n$ 中の同じ点に埋め込
み，同様にすべての $u \in V \setminus S$ を $\mathbb{R}^n$ 中の同じ点に埋め込むことを考える．す
ると S と $\partial(S)$ の間の枝にのみ正の距離が生じ，それらはすべて $u \in \partial(S)$ の
y_u を適切に選ぶことによって被覆する（$y_u + y_v \geq \|x_u - x_v\|^2$ という制約を
満たす）ことができる．S の頂点膨張率が小さいことから，枝の距離も $\partial(S)$
も小さいことが期待できるので，結果として $\gamma(G)$ も小さいと期待できる．定
理 7.1.2 は，この考察が実際に正しいことを定量的に示したものである．

7.1.5　双対問題の 1 次元化

補題 7.1.5 にある双対問題はまだ扱いにくい形をしているため，ベクトル
x_v の次元を n から 1 に落とすことを考える．具体的には，以下に定義される
$\gamma(G)$ の 1 次元版を考える．

$$
\begin{aligned}
\gamma^{(1)}(G) := \text{minimize} \quad & \frac{\sum_{v \in V} y_v}{\sum_{v \in V} x_v^2}, \\
\text{subject to} \quad & \sum_{v \in V} x_v = 0, \\
& y_u + y_v \geq (x_u - x_v)^2 \quad \forall \{u, v\} \in E, \\
& x_v \in \mathbb{R} \quad\quad\quad\quad\quad\ \forall v \in V, \\
& y_v \geq 0 \quad\quad\quad\quad\quad\ \forall v \in V.
\end{aligned}
\tag{7.4}
$$

この問題では，頂点 $v \in V$ に対応する変数が n 次元ベクトルからスカラー値
になっている．

変数の取り得る値が狭まっているので，$\gamma(G) \leq \gamma^{(1)}(G)$ であることは明ら
かである．逆に $\gamma^{(1)}(G)$ が $\gamma(G)$ と比べてあまり大きくないことを示したい．
そのために，ベクトル間の距離を保ちつつ次元を大幅に削減できることを示す
以下の補題を用いる．

補題 7.1.6（ジョンソン–リンデンシュトラウスの補題）　任意の $\epsilon \in (0, 1)$
と n 点からなる点集合 $X \subseteq \mathbb{R}^d$ に対して，$k = O(\epsilon^{-2} \log n)$ と線形写像
$A : \mathbb{R}^d \to \mathbb{R}^k$ が存在して，任意の $u, v \in X$ に対して

$$
(1 - \epsilon)\|u - v\|^2 \leq \|Au - Av\|^2 \leq (1 + \epsilon)\|u - v\|^2
$$

が成り立つ．

補題 7.1.7　グラフ G に対して，次が成り立つ．

$$
\gamma(G) \leq \gamma^{(1)}(G) \lesssim \gamma(G) \cdot \log n.
$$

証明 前述のように左側の不等式は自明に成り立つ.

右側の不等式を示す. $x_v \in \mathbb{R}^n$ $(v \in V)$ と $y_v \geq 0$ $(v \in V)$ を問題 (7.3) の最適解とする. ジョンソン–リンデンシュトラウスの補題により, $d := O(\log n)$ に対して, ある $\tilde{x}_v \in \mathbb{R}^d$ $(v \in V)$ が存在し,

$$\frac{1}{2}\|x_u - x_v\|^2 \leq \|\tilde{x}_u - \tilde{x}_v\|^2 \leq \|x_u - x_v\|^2, \quad \forall u, v \in V$$

を満たす.

$i \in \{1, 2, \ldots, d\}$ を, 和 $\sum_{u,v \in V}(\tilde{x}_{ui} - \tilde{x}_{vi})^2$ を最大にするものとし, 各 $u \in V$ に対して,

$$x'_u = \tilde{x}_{ui} - \frac{1}{n}\sum_{v \in V}\tilde{x}_{vi}$$

と定義する.

定義から

$$\sum_{u \in V}x'_u = \sum_{u \in V}\tilde{x}_{ui} - \frac{1}{n}\sum_{u \in V}\sum_{v \in V}\tilde{x}_{vi} = 0$$

である. さらに

$$(x'_u - x'_v)^2 = (\tilde{x}_{ui} - \tilde{x}_{vi})^2 \leq \|\tilde{x}_u - \tilde{x}_v\|^2 \leq \|x_u - x_v\|^2$$

である. よって (x', y) は問題 (7.4) の実行可能解である.

また,

$$\sum_{u \in V}(x'_u)^2 = \frac{1}{2n}\sum_{u,v \in V}(x'_u - x'_v)^2 = \frac{1}{2n}\sum_{u,v \in V}(\tilde{x}_{ui} - \tilde{x}_{vi})^2$$

$$\geq \frac{1}{2dn}\sum_{u,v \in V}\|\tilde{x}_u - \tilde{x}_v\|^2 \geq \frac{1}{4dn}\sum_{u,v \in V}\|x_u - x_v\|^2 = \frac{1}{2d}\|x_u\|^2$$

である. よって

$$\gamma^{(1)}(G) \leq \frac{\sum_{v \in V}y_v}{\sum_{v \in V}(x'_v)^2} \leq \frac{2d\sum_{v \in V}y_v}{\sum_{v \in V}\|x_v\|^2} = 2d\gamma(G) \lesssim \gamma(G) \cdot \log n$$

が成り立つ. $\qquad\square$

補題 7.1.7 より, 頂点膨張率に対するチーガー不等式 (定理 7.1.2) を示すには, $\gamma^{(1)}(G)$ に対する不等式を示せばよい.

7.2 マッチング膨張率とその性質

グラフ $G = (V, E)$ に対して, 枝集合 $M \subseteq E$ が**マッチング**であるとは, M のどの二つの枝も端点を共有しないことを言う. 各枝 $e \in E$ に重み $w_e \in \mathbb{R}_{\geq 0}$ が与えられているとき, **最大重みマッチング**とは, G のマッチング M で $\sum_{e \in M}w_e$ を最大にするもののことを言う. 頂点膨張率と $\gamma^{(1)}(G)$ との関連を

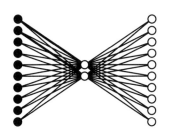

図 7.2　マッチング膨張率.

示すために，以下のマッチング膨張率を考える．

定義 7.2.1　$G = (V, E)$ をグラフとし，各枝 $e \in E$ に重み $w_e \in \mathbb{R}_{\geq 0}$ が与えられているとする．枝集合 $F \subseteq E$ に対して，$\nu(F)$ を F の枝からなるマッチングの中で最大の重みとする．このとき，頂点集合 $S \subseteq V$ の**マッチング膨張率**を

$$\psi_\nu(S) = \frac{\nu(E(S, V \setminus S))}{|S|},$$

$$\psi_\nu(G) = \min_{S \subseteq V : |S| \leq n/2} \psi_\nu(S)$$

と定義する．

例 7.2.2　図 7.2 は，マッチング膨張率の計算例である．黒い頂点からなる集合を S，枝の重みはすべて 1 としたときに，$E(S, V \setminus S)$ における最大マッチング（の一例）は太線で示された枝集合であり，S のマッチング膨張率は $2/10 = 1/5$ となる．

7.2.1　頂点膨張率との関連

頂点集合 $S \subseteq V$ に対して，頂点膨張率はグラフのサイズに依存していくらでも大きくなり得るが，（枝に重みがない場合）マッチング膨張率は必ず 1 以下になる．よって一般には両者はいくらでも離れ得る．しかし最適な集合を取ってきた場合には，両者の値はほとんど一致する．

補題 7.2.3　任意の（重みなし）グラフ $G = (V, E)$ に対して，

$$\psi_\nu(G) \leq \psi(G) < 4\psi_\nu(G)$$

が成り立つ．

証明　任意の集合 $S \subseteq V$ に対して，$\nu(E(S, V \setminus S)) \leq |\partial(S)|$ が成り立つので，左側の不等式は自明に成り立つ．

右側の不等式を示す．まず $\psi(G) \leq 1$ であることを確認しておく．頂点集合

$S \subseteq V$ を $|S| \leq n/2$ なる集合とする．このとき，

$$\psi(G) \leq \psi(V \setminus S) = \frac{|\partial(V \setminus S)|}{|S|} \leq \frac{|S|}{|S|} = 1$$

である．

　次に，頂点集合 $S \subseteq V$ を $\psi_\nu(G) = \nu(E(S, V \setminus S))/|S|$ と $|S| \leq n/2$ を満たすものとする．ここで $\psi_\nu(G) \leq 1/4$ であると仮定してよい（そうでなければ右側の不等式は $\psi(G) \leq 1$ より自明に成り立つ）．$M \subseteq E$ を $E(S, V \setminus S)$ 中の最大マッチングとし，頂点集合 $T = S \setminus V(M)$ の頂点膨張率が小さいことを示す．まず，$|\partial(T)| \leq V(M)$ である．実際，任意の $u \in (V \setminus S) \setminus V(M)$ は $\partial(T)$ には入らない．これは M の極大性より，$S \setminus V(M)$ と $(V \setminus S) \setminus V(M)$ の間に枝がないからである．$V(M) = 2|M|$ であるから，

$$\psi(T) \leq \frac{|\partial(T)|}{|T|} \leq \frac{2\nu(E(S, V \setminus S))}{|S| - 2|M|} \leq \frac{2\nu(E(S, V \setminus S))}{|S|/2} = 4\psi_\nu(S) = 4\psi_\nu(G)$$

が成り立つ．最後の不等式では $|M| = \psi_\nu(S)|S| \leq |S|/4$ であることを用いた． □

7.2.2　マッチング膨張率に対するチーガー不等式

　本小節ではマッチング膨張率に関するチーガー不等式を示す．

定理 7.2.4（マッチング膨張率に対するチーガー不等式）　任意のグラフ $G = (V, E)$ に対して，

$$\gamma^{(1)}(G) \lesssim \psi_\nu(G) \lesssim \sqrt{\gamma^{(1)}(G)}$$

が成り立つ．

　補題 7.2.3 と定理 7.2.4 により，以下の定理が得られる．

定理 7.2.5　任意の $G = (V, E)$ に対して

$$\gamma^{(1)}(G) \lesssim \psi(G) \lesssim \sqrt{\gamma^{(1)}(G)}$$

が成り立つ．

　補題 7.1.5, 7.1.7, 定理 7.2.5 を組み合わせることで定理 7.1.2 が得られる．

7.2.2.1　左側の不等式

　グラフのマッチング膨張率を達成する頂点集合 $S \subseteq V$ で $|S| \leq n/2$ を満たすものとマッチング $M \subseteq E$ を元に，問題 (7.4) に対する実行可能解を作ればよい．まずベクトル $x \in \mathbb{R}^V$ と $y \in \mathbb{R}_{\geq 0}^V$ を

$$x_v = \begin{cases} \dfrac{1}{\sqrt{2|S|}} & v \in S \text{ のとき,} \\[2ex] -\dfrac{1}{\sqrt{2|V \setminus S|}} & \text{それ以外のとき,} \end{cases}$$

$$y_v = \begin{cases} \dfrac{1}{|S|} & v \in V(M) \text{ のとき,} \\[2ex] 0 & \text{それ以外のとき} \end{cases}$$

と定義する．するとこれは $\gamma^{(1)}(G)$ の実行可能解であり，目的関数の値は $\lesssim \psi_\nu(S)$ である．

7.2.2.2　右側の不等式

次に右側の不等式を証明する．コンダクタンスに対するチーガー不等式（定理 5.3.1）のときと同様の証明手法（x の値を全頂点でシフトし，x_v の値が 0 未満の頂点からなる集合と 0 以上からなる頂点の集合に分ける）で以下が示せる．ここで $\sum_{v \in V} x_v = 0$ という制約が，非負制約を得るのと台集合のサイズを抑えるのに用いられている．

補題 7.2.6 $G = (V, E)$ をグラフとする．問題 (7.4) に対する任意の解 $x \in \mathbb{R}^V$, $y \in \mathbb{R}^V_{\geq 0}$ に対し，$\tilde{x} \in \mathbb{R}^V_{\geq 0}, \tilde{y} \in \mathbb{R}^V_{\geq 0}$ が存在し，

$$|\mathrm{supp}(\tilde{x})| < \frac{n}{2},$$
$$\sum_{v \in V} \tilde{y}_v \lesssim \gamma^{(1)}(G),$$
$$\sum_{v \in V} \tilde{x}_v^2 = 1,$$
$$\tilde{y}_u + \tilde{y}_v \geq (\tilde{x}_u - \tilde{x}_v)^2, \quad \forall \{u, v\} \in E$$

を満たす．

次に補題 7.2.6 で得られた $\tilde{x}, \tilde{y}$ からマッチング膨張率の小さい集合を構築するが，そのための準備をいくつか行う．まず以下の補助グラフを定義する．

定義 7.2.7（補助グラフ）　グラフ $G = (V, E)$ とベクトル $x \in \mathbb{R}^V$ に対し，$G_x = (V, E, w)$ を各枝 $e \in E$ の重みが $w_e = |x_u^2 - x_v^2|$ であるような重み付きグラフとする．

最小頂点被覆問題とは，グラフ $G = (V, E)$ が与えられ，最小の頂点被覆 $S \subseteq V$，すなわち任意の枝 $e \in E$ に対して e の端点の少なくとも一方が S に入るような問題を求める問題である．最大マッチング問題に対する線形緩和の双対問題が最小頂点被覆問題に対する線形緩和となっており，この双対関係から以下が従う．

補題 7.2.8 $G = (V, E, w)$ を枝に重みの付いたグラフとする．ベクトル $y \in \mathbb{R}_{\geq 0}^V$ が，任意の枝 $e \in E$ に対して $y_u + y_v \geq w_e$ を満たすとき

$$\nu(E) \leq \sum_{v \in V} y_v$$

が成り立つ．

さて，$\tilde{x}$ と $\tilde{y}$ からマッチング膨張率の小さい集合を得る以下の補題を示す．チーガー不等式のときと同じく，ランダムに選んだ閾値に基づいた丸めを行う．

補題 7.2.9 補題 7.2.6 の（$\tilde{x}$ と $\tilde{y}$ の）条件を満たすベクトル $x, y \in \mathbb{R}_{\geq 0}^V$ に対し，ある頂点集合 $S \subseteq \mathrm{supp}(x)$ が存在し，$\psi_\nu(S) \lesssim \sqrt{\gamma^{(1)}(G)}$ を満たす．

証明 $t \geq 0$ に対して，$S_t = \{v \in V : x_v^2 > t\}$ と定義する．S_t のうちのどれかが主張の条件を満たすことを示す．

まず

$$\min_{t \geq 0} \psi_\nu(S_t) = \min_{t \geq 0} \frac{\nu(E(S_t, V \setminus S_t))}{|S_t|} \leq \frac{\int_0^\infty \nu(E(S_t, V \setminus S_t)) \mathrm{d}t}{\int_0^\infty |S_t| \mathrm{d}t}$$

である．分母は

$$\int_0^\infty |S_t| \mathrm{d}t = \int_0^\infty \sum_{v \in V} 1[v \in S_t] \mathrm{d}t = \sum_{v \in V} \int_0^\infty 1[x_v^2 > t] \mathrm{d}t = \sum_{v \in V} x_v^2 = 1$$

である．ここで $1[X]$ は X の指示関数，すなわち，X が成り立つとき 1，そうでないとき 0 を取る．

次に分子を調べる．後に示す補題 7.2.10（7.2.2.3 節参照）より，補助グラフ G_x に対して

$$\int_0^\infty \nu(E(S_t, V \setminus S_t)) \mathrm{d}t \leq 8\nu(G_x)$$

が成り立つ（左辺は重みなし，右辺は重みありのマッチングを考えていることに注意）．

$M \subseteq E$ を G_x の最大重みマッチングとすると，

$$\begin{aligned}
\nu(G_x) &= \sum_{\{u,v\} \in M} |x_u^2 - x_v^2| = \sum_{\{u,v\} \in M} |x_u - x_v| \cdot |x_u + x_v| \\
&\leq \sqrt{\sum_{\{u,v\} \in M} |x_u - x_v|^2} \sqrt{\sum_{\{u,v\} \in M} |x_u + x_v|^2} \\
&\qquad\qquad\qquad\qquad \text{(コーシー–シュワルツの不等式より)} \\
&\leq \sqrt{\sum_{\{u,v\} \in M} |x_u - x_v|^2} \sqrt{\sum_{v \in V} 2x_v^2} \\
&= \sqrt{2 \sum_{u,v \in M} (x_u - x_v)^2}
\end{aligned}$$

である．二つ目の不等式では M において各頂点の次数が 1 以下であることを使った．

$y \geq 0$ が非負ベクトルであることから，補題 7.2.8 により

$$\sum_{\{u,v\} \in M} (x_u - x_v)^2 \leq \sum_{v \in V} y_v \lesssim \gamma^{(1)}(G)$$

が成り立つ．

以上を総合すると

$$\min_{t \geq 0} \psi_\nu(S_t) \leq 8\nu(G_x) \leq 8\sqrt{2 \sum_{\{u,v\} \in E} (x_u - x_v)^2} \lesssim \sqrt{\gamma^{(1)}(G)}.$$

が成り立つ． □

7.2.2.3 補助補題の証明

最後に，上記の証明で利用した以下の補題を示す．

補題 7.2.10 補助グラフ G_x に対して，次が成り立つ．

$$\int_0^1 \nu(E(S_t, V \setminus S_t)) \mathrm{d}t \leq 8\nu(G_x).$$

まず準備として，有向グラフにおけるマッチングを導入する．

定義 7.2.11（有向マッチング） 有向グラフ $\vec{G} = (V, \vec{E})$ に対し，枝集合 $\vec{M} \subseteq \vec{E}$ が有向マッチングであるとは，$\vec{M}$ が誘導する部分グラフにおいて，どの頂点も出次数と入次数が高々 1 であることを言う．各枝 $e \in \vec{E}$ に重み w_e が与えられているとき，最大重み有向マッチングとは，$\vec{G}$ の有向マッチング $\vec{M}$ で，重みの総和 $\sum_{e \in \vec{M}} w_e$ を最大にするもののことを言う．$\nu(\vec{G})$ を，$\vec{G}$ の最大重み有向マッチングの重さとする．

無向グラフのときと違い，有向のサイクルは有向マッチングの条件を満たしている．

無向グラフ G に対して，その**向き付け**を，G の各枝 $\{u,v\}$ を有向枝 (u,v) もしくは (v,u) に置き換えてできる有向グラフとする．

補題 7.2.12 任意の重み付きグラフ G とその向き付け $\vec{G}$ に対し，

$$\nu(G) \leq \nu(\vec{G}) \leq 4\nu(G)$$

が成り立つ．

証明 左側の不等式は自明に成り立つので，右側の不等式を証明する．

$M \subseteq E$ を，G の最大マッチングを見つけるための貪欲アルゴリズムによって得られるマッチングであるとする．この貪欲アルゴリズムは次のように動作

する.

- まず $w_{e_1} \geq w_{e_2} \geq \cdots \geq w_{e_m}$ となるように G の枝を並べ替える.
- $i \in \{1, 2, \ldots, m\}$ を順番に調べ, 枝 e_i を M に追加してもマッチングであるならば, e_i を M に追加する.

$e_{i_1}, \ldots, e_{i_{|M|}}$ を M に加えられた枝(を M に追加された順に並べたもの)とする.

$\vec{M}^*$ を $\vec{G}$ の最大重み有向マッチングとする. 目標は $\vec{M}^*$ の重みを上から抑えることである. $\vec{M}_0 = \vec{M}^*$ とし, $j \in \{1, 2, \ldots, |M|\}$ に対して, e_{i_j} の端点に接続するすべての枝を $\vec{M}_{j-1}$ から削除して得られる有向マッチングを $\vec{M}_j$ とする.

M は極大であるため, $\vec{M}_{|M|}$ は空なグラフとなる. さらに, 各ステップ j で最大で4つの枝しか削除しない. なぜなら, e_{i_j} と端点を共有する $\vec{M}$ 中の枝は最大で4つしか存在しないからである. これらの枝の重みは $w(e_{i_j})$ 以下でなければならない. もしそうでないとすると, マッチング $\{e_1, e_2, \ldots, e_{i_j-1}\}$ に重みが $w(e_{i_j})$ より大きい枝を足すことができるが, これは貪欲アルゴリズムの動作に反する. よって, $4\nu(G) \geq \nu(\vec{G})$ が成り立つ. □

補題 7.2.10 の証明　有向グラフ $\vec{G}_x = (G, \vec{E})$ を, 補助グラフ G_x の各枝 $\{u, v\}$ を $x_u > x_v$ のときに $u \to v$ と向き付けて得られるグラフとする. 補題 7.2.12 より, $\vec{G}_x$ に対して, $\int_0^\infty \nu(E(S_t, V \setminus S_t)) \mathrm{d}t \leq 2\nu(\vec{G}_x)$ を示せばよい.

$\vec{M} \subseteq \vec{E}$ を, $\vec{G}_x$ の最大有向マッチングを見つけるための貪欲アルゴリズムによって得られる有向マッチングであるとする. この貪欲アルゴリズムは次のように動作する.

- まず $w_{e_1} \geq w_{e_2} \geq \cdots \geq w_{e_m}$ となるように $\vec{G}_x$ の枝を並べ替える.
- $i \in \{1, 2, \ldots, m\}$ を順番に調べ, 枝 e_i を $\vec{M}$ に追加しても有向マッチングであるならば, e_i を $\vec{M}$ に追加する.

次に M_t を $E(S_t, V \setminus S_t)$ 上の最大(重みなし)マッチングとする. 補題の主張を示すために, まずすべての $t \geq 0$ で, $|\vec{M} \cap E(S_t, V \setminus S_t)| \geq |M_t|/2$ であることを示す(ここで $\vec{M}$ を対応する無向枝と同一視している).

枝 $\{u, v\} \in M_t$ を $x_u > x_v$ なる枝とする. もし $(u, v) \notin \vec{M}$ とする. $\vec{M}$ は貪欲な有向マッチングであるので, $\vec{M}$ において, u が出次数1であるか v が入次数1である. 前者であったとして, ある頂点 $w \in V$ に対して $(u, w) \in \vec{M}$ だっとする. すると $x_u^2 - x_w^2 \geq x_u^2 - x_v^2$ でなければならない. 枝 $\{u, w\}$ は枝 $\{u, v\}$ より長いので, $\{u, v\}$ が S_t でカットされているなら $\{u, w\}$ も S_t でカットされている. この議論により, それぞれの $\{u, v\} \in M_t$ を $E(S_t, V \setminus S_t) \cap \vec{M}$ の枝で端点を共有するものに対応付けることができる. M_t はマッチングであるので, $\vec{M}$ の枝 e は高々二つの M_t の枝に対応付けられる(e の両端点に対応する). よって $|\vec{M} \cap E(S_t, V \setminus S_t)| \geq |M_t|/2$ が成り立つ.

以上より

$$\int_0^\infty \nu(E(S_t, V \setminus S_t))\mathrm{d}t = \int_0^\infty |M_t|\mathrm{d}t \leq 2\int_0^\infty |\vec{M} \cap E(S_t, V \setminus S_t)|\mathrm{d}t$$
$$\leq 2\sum_{(u,v)\in\vec{M}} |x_u^2 - x_v^2| \leq 2\nu(\vec{G}_x)$$

が成り立つ. □

出典および関連する話題

本章の議論では線形計画法や半正定値計画法を多く用いたが，これらは近似アルゴリズムの設計において広く使われている. 詳しくは [134] などの書籍を参照されたい.

最速混合問題は Boyd, Diaconis, Xian らによって導入された[19]. 彼らはグラフ上のランダムウォークだけではなく，より一般的なマルコフ連鎖上での問題を考え，最速混合問題が半正定値計画法として定式化できることを示した. Roch[116] は最適スペクトルギャップ $\lambda_2^*(G)$ が頂点膨張率 $\psi(G)$ で抑えられることを示した. Olesker-Taylor と Zanetti は，その逆の関係も成り立つこと，すなわち頂点膨張率に関するチーガー不等式が成り立つことを示した[106]. 定理 7.1.2 の右側の不等式にある係数 $\log n$ は，最大次数 Δ に対して $\log \Delta$ に改善できることが分かっている[67],[80]. また同様の近似保証を持つ他のアルゴリズムも知られている[88]. しかし一般的には，**小集合膨張率予想**（Small-Set Expansion Hypothesis）[112] の下で，係数を $o(\log \Delta)$ に改善することはできないことも分かっている[88].

元々のチーガー不等式の拡張として二部比（定理 5.4.5）や多数の部分への分割（定理 5.5.1）を測るものがあった. 頂点膨張率に対しても同様の拡張が議論されている[80].

第 8 章
疎化

　本章では，グラフのカットの大きさなどの性質を近似的に保ちつつ，グラフ
の枝の本数を劇的に減らす**疎化**を説明する．一般的にグラフは $\Omega(n^2)$ 本の枝
を持ち得るが，疎化によりどんなグラフも $O(n)$ 本まで枝を減らせることが知
られている．本章では比較的単純なランダムサンプリングに基づく，枝の本数
が $O(n \log n)$ のグラフへの疎化と，より高度な方法で決定的に枝を選ぶ，枝の
本数が $O(n)$ のグラフへの疎化を紹介する．

8.1　導入

　　枝重み付きグラフ $G = (V, E, w)$ と枝集合 $F \subseteq E$ に対して，$w(F) :=$
$\sum_{e \in F} w(e)$ を F 中の枝の総和と定義する．グラフを明示したいときは $w_G(F)$
のように添字を付けることとする．本章では以下の二種類の疎化を考える．

カット疎化： $\epsilon > 0$ に対して，グラフ $H = (V, E_H, w_H)$ がグラフ $G =$
(V, E_G, w_G) の ϵ **カット疎化器**であるとは，任意の $S \subseteq V$ で

$$(1 - \epsilon)w_G(E(S, V \setminus S)) \le w_H(E(S, V \setminus S)) \le (1 + \epsilon)w_G(E(S, V \setminus S))$$

が成り立つことを言う．

スペクトル疎化： $\epsilon > 0$ に対して，グラフ $H = (V, E_H, w_H)$ がグラフ
$G = (V, E_G, w_G)$ の ϵ **スペクトル疎化器**であるとは，任意の $x \in \mathbb{R}^n$
に対して

$$(1 - \epsilon)x^\top L_G x \le x^\top L_H x \le (1 + \epsilon)x^\top L_G x$$

が成り立つことを言う．この条件は

$$(1 - \epsilon)L_G \preceq L_H \preceq (1 + \epsilon)L_G$$

と言い換えることもできる．

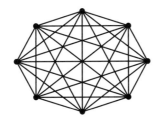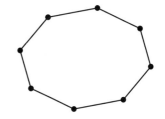

図 8.1 左：8頂点の完全グラフ. 右：8頂点のサイクル.

カット疎化はその名の通り, すべてのカットの重みを保存している.

例 8.1.1 （枝に重みのない）8頂点の完全グラフ G と同じ8頂点上の閉路グラフ H を考える（図 8.1）. 枝重みの総和を同じにするために, H の枝にはそれぞれ $\binom{8}{2}/8 = 7/2$ の重みを付与する.

さて $1 \le k \le 7$ 頂点の集合 S を考えると, G において S がなすカットの大きさは $k(8-k)$ である. 次に H において S がなすカットの大きさは, S 中の頂点がどのように配置されているかに依存するが, 最小で $2 \cdot (7/2) = 7$, 最大で $2\min\{k, 8-k\} \cdot (7/2) = \min\{k, 8-k\} \cdot 7$ となる. よって

$$\epsilon := \max_{1 \le k \le 7} \max\left\{ \frac{k(8-k)}{7}, \frac{\min\{k, 8-k\} \cdot 7}{k(8-k)} \right\} - 1 = \frac{9}{7}$$

と定義すると, H は G の ϵ カット疎化器である. この ϵ はかなり大きいので, 閉路グラフは完全グラフの良い疎化器とは言えない.

スペクトル疎化は少し抽象的な定義であるが, $x^\top L x$ は電位ベクトル $x \in \mathbb{R}^V$ に対応するエネルギー消費量であるので（4.3 節を参照）, エネルギー消費量を保持していると言える. また以下の命題から分かるようにスペクトル疎化はカット疎化よりも強い性質である.

命題 8.1.2 グラフ $H = (V, E_H, w_H)$ がグラフ $G = (V, E_G, w_G)$ の ϵ スペクトル疎化器であるとき, H は G の ϵ カット疎化器である.

証明 集合 $S \subseteq V$ に対して, その特性ベクトル $\mathbf{1}_S \in \mathbb{R}^V$ を考える. H は G の ϵ スペクトル疎化器であるので,

$$(1-\epsilon)w_G(E(S, V \setminus S)) = (1-\epsilon)\mathbf{1}_S^\top L_G \mathbf{1}_S \le \mathbf{1}_S^\top L_H \mathbf{1}_S = w_H(E(S, V \setminus S)).$$

同様に $w_H(E(S, V \setminus S)) \le (1+\epsilon)w_G(E(S, V \setminus S))$ も成り立つ. $\square$

さて, 疎化というからにはグラフの枝の本数が減らせなければ意味がない. 8.2 節ではランダムサンプリングに基づいた $O(n \log n)$ 本の枝のグラフへの疎化を紹介し, 8.3 節では決定性アルゴリズムによる $O(n)$ 本の枝のグラフへの疎化を紹介する. 以下では簡単のために, グラフ G は重みなしグラフである

と仮定するが，その証明を一般の場合に拡張するのは難しくない．

8.2 ランダムサンプリングに基づく疎化

本節の目標は以下を示すことである．

定理 8.2.1 任意のグラフに対して枝の本数が $O(\epsilon^{-2} n \log n)$ の ϵ スペクトル疎化器が存在する．

8.2.1 節では，定理 8.2.1 の証明に必要な，確率変数の和の集中不等式について紹介する．8.2.2 節では，等方的なベクトルから作られる行列を疎化することを考える．この結果を利用することで，一般のラプラシアンに対する疎化が行えることを 8.2.3 節で示す．

8.2.1 集中不等式
以下の集中不等式は，独立な確率変数の和は，高い確率でその期待値の近辺の値を取るということを示している．

定理 8.2.2（集中不等式，チェルノフ上界） $X_1, X_2, \ldots, X_k \in \mathbb{R}$ を確率 p_i で $X_i = 1$，確率 $1 - p_i$ で $X_i = 0$ となる独立な確率変数とする．$\mu := \sum_{i=1}^{k} \mathbf{E}[X_i] = \sum_{i=1}^{k} p_i$ とすると，任意の $\epsilon \in (0,1)$ に対して，

$$\Pr\left[\sum_{i=1}^{k} X_i \geq (1+\epsilon)\mu\right] \leq \exp\left(-\frac{\min\{\epsilon, \epsilon^2\}\mu}{3}\right),$$

$$\Pr\left[\sum_{i=1}^{k} X_i \leq (1-\epsilon)\mu\right] \leq \exp\left(-\frac{\epsilon^2 \mu}{2}\right)$$

が成り立つ．

チェルノフ上界の行列版（の一つ）として以下の定理が知られている．

定理 8.2.3（行列チェルノフ上界） $X_1, X_2, \ldots, X_k \in \mathbb{R}^{n \times n}$ を，ある $R > 0$ に対して，確率 1 で $0 \preceq X_i \preceq RI$ を満たすランダムな対称行列とする．また $\mu_{\min} I \preceq \sum_{i=1}^{k} \mathbf{E}[X_i] \preceq \mu_{\max} I$ とする．任意の $\epsilon \in (0,1)$ に対して，

$$\Pr\left[\lambda_{\max}\left(\sum_{i=1}^{k} X_i\right) \geq (1+\epsilon)\mu_{\max}\right] \leq n \exp\left(-\frac{\min\{\epsilon, \epsilon\}\mu_{\max}}{3R}\right),$$

$$\Pr\left[\lambda_{\min}\left(\sum_{i=1}^{k} X_i\right) \leq (1+\epsilon)\mu_{\min}\right] \leq n \exp\left(-\frac{\epsilon^2 \mu_{\min}}{2R}\right)$$

が成り立つ．ここで $\lambda_{\max}(A)$ と $\lambda_{\min}(A)$ はそれぞれ A の最大固有値と最小固有値を表す．

定理 8.2.3 は複数のランダム行列の和の最大・最小固有値が，高い確率で，和の期待値の最大・最小固有値から大きく離れないことを示唆している．ここで $0 \preceq X_i \preceq RI$ という条件は，各々の X_i の影響が強くならないように課している条件である．

8.2.2 等方的なベクトル集合の疎化

$v_1, v_2, \ldots, v_m \in \mathbb{R}^n$ を等方的なベクトルとする．すなわち $\sum_{i=1}^m v_i v_i^\top = I$ である．このとき，これらのベクトルの疎化，すなわち $s_1, s_2, \ldots, s_m \in \mathbb{R}$ を非ゼロの個数が少なくなるように選び，$(1-\epsilon)I \preceq \sum_{i=1}^m s_i v_i v_i^\top \preceq (1+\epsilon)I$ とすることを考える．

まず最初にすべての s_i を等確率で非ゼロにする一様サンプリングはスペクトル疎化を行うのに適していないことに注意する．例えば，もしある $j \in \{1, 2, \ldots, m\}$ に対して $\|v_j\| = 1$ であれば，s_j は必ず 1 に近い値でなければならない．実際，等方性より

$$v_j^\top \left(\sum_{i=1}^m v_i v_i^\top \right) v_j = 1$$

である．その一方で

$$v_j^\top \left(\sum_{i=1}^m v_i v_i^\top \right) v_j = \sum_{i=1}^m (v_j^\top v_i)^2 = \|v_j\|^2 + \sum_{i \neq j} (v_j^\top v_i)^2 = 1 + \sum_{i \neq j} (v_j^\top v_i)^2$$

である．よって $\sum_{i \neq j} (v_j^\top v_i)^2 = 0$ である．そのため，

$$v_j^\top \left(\sum_{i=1}^m v_i v_i^\top \right) v_j = 1$$

の値を保存するためには，（確率 1 で）$1 - \epsilon \leq s_j \leq 1 + \epsilon$ でなければならない．

グラフの場合でも一様サンプリングではスペクトル疎化ができない例が簡単に作れる．例えば，**橋**，すなわちその枝を取り除くと連結成分が増えるような枝は必ずスペクトル疎化器に含める必要がある．

以上の考察から，非一様サンプリングが必要である．そこで v_i を確率 $\|v_i\|^2$ で選び，選ばれた際に重み $s_i = 1/\|v_i\|^2$ を与えることを考える（選ばれなかった場合は $s_i = 0$ とする）．こうすることで $\mathbf{E}[s_i v_i v_i^\top] = v_i v_i^\top$ となる．具体的な手順をアルゴリズム 8.1 に与える．

定理 8.2.4 $v_1, v_2, \ldots, v_m \in \mathbb{R}^n$ を $\sum_{i=1}^m v_i v_i^\top = I$ なるベクトルとする．高々 $O(\epsilon^{-2} n \log n)$ 個が非ゼロである $s_1, s_2, \ldots, s_m \in \mathbb{R}$ が存在して，

$$(1 - \epsilon)I \preceq \sum_{i=1}^m s_i v_i v_i^\top \preceq (1 + \epsilon)I$$

が成り立つ．

アルゴリズム 8.1: 等方的なベクトルに対するスペクトル疎化

---

1 **Procedure** ISOTROPICSPECTRALSPARSIFICATION$(v_1, v_2, \ldots, v_m, \epsilon)$

2      $C \leftarrow 6\epsilon^{-2} \log n$;

3      $S \leftarrow \emptyset$;

4      $s \leftarrow \mathbf{0} \in \mathbb{R}^n$;

5   **for** $k = 1, 2, \ldots C$ **do**

6   **for** $i = 1, 2, \ldots, m$ **do**

7   確率 $p_i := \|v_i\|^2$ で $S \leftarrow S \cup \{i\}$, $s_i \leftarrow s_i + 1/(Cp_i)$ とする.

8   **return** $\sum_{i \in S} s_i v_i v_i^\top$.

証明 最初に，非ゼロ重みの要素の個数が確率 $9/10$ で $O(\epsilon^{-2}n \log n)$ であることを示す．まず

$$\sum_{i=1}^m \|v_i\|^2 = \sum_{i=1}^m v_i^\top v_i = \sum_{i=1}^m \mathrm{tr}\left(v_i^\top v_i\right) = \sum_{i=1}^m \mathrm{tr}\left(v_i v_i^\top\right)$$

$$= \mathrm{tr}\left(\sum_{i=1}^m v_i v_i^\top\right) = \mathrm{tr}(I) = n$$

である．すると非ゼロ重みの要素の個数の期待値は

$$\mathbf{E}\,|S| \leq \sum_{k=1}^C \sum_{i=1}^m p_i = \sum_{k=1}^C \sum_{i=1}^m \|v_i\|^2 = \sum_{k=1}^C n = Cn = O(\epsilon^{-2}n \log n)$$

となる．マルコフの不等式より，確率 $9/10$ 以上で非ゼロ重みの要素の個数は

$$10 \cdot O(\epsilon^{-2}n \log n) = O(\epsilon^{-2}n \log n)$$

以下となる．

次に得られた行列の固有値を，行列集中不等式（定理 8.2.3）を利用して評価する．$k \in \{1, 2, \ldots, C\}$ 番目のループにおいて $i \in \{1, 2, \ldots, m\}$ 番目の要素から作られる行列を

$$X_{i,k} = \begin{cases} \dfrac{v_i v_i^\top}{Cp_i} & \text{確率 } p_i(= \|v_i\|^2), \\ 0 & \text{確率 } 1 - p_i \end{cases}$$

と定義する．アルゴリズムの出力は $X = \sum_{k=1}^C \sum_{i=1}^m X_{i,k}$ である．また

$$\mathbf{E}[X] = \sum_{k=1}^C \sum_{i=1}^m \mathbf{E}[X] = \sum_{k=1}^C \sum_{i=1}^m \frac{v_i v_i^\top}{C} = \sum_{i=1}^m v_i v_i^\top = I$$

であるので，$\mu_{\max} = \mu_{\min} = 1$ となる．次に定理 8.2.3 中の R をバウンドする．

$$\frac{v_i v_i^\top}{Cp_i} = \frac{v_i v_i^\top}{C\|v_i\|^2} = \frac{1}{C}\left(\frac{v_i}{\|v_i\|}\right)\left(\frac{v_i}{\|v_i\|}\right)^\top$$

であるので，これは階数 1 の行列である．よって $X_{i,k}$ の最大固有値は $1/C$ となり，$R = 1/C$ である．

行列集中不等式より，

$$\Pr[\lambda_{\max}(X) \geq 1 + \epsilon] \leq n\exp\left(-\frac{\epsilon^2 C}{3}\right) = n\exp(-2\log n) = \frac{1}{n}$$

$\lambda_{\min}(X)$ も同様にして

$$\Pr[\lambda_{\min}(X) \leq 1 - \epsilon] \leq \frac{1}{n}$$

が示せる．

和集合上界（補題 6.2.1）より，定理の主張を満たす X が存在する． $\qquad\square$

8.2.3 グラフのスペクトル疎化

次に（連結な）グラフのスペクトル疎化を考える．グラフ $G = (V, E)$ のラプラシアン $L_G \in \mathbb{R}^{V \times V}$ は

$$L_G = \sum_{e \in E} b_e b_e^\top$$

と書くことができる．ここで両辺から $L_G^{\dagger/2}$ をかけると

$$L_G^{\dagger/2} L_G L_G^{\dagger/2} = \sum_{e \in E}(L_G^{\dagger/2} b_e)(b_e L_G^{\dagger/2}) = \sum_{e \in E} y_e y_e^\top$$

となる．ただし $y_e = L_G^{\dagger/2} b_e$ である．3.2.3 節で見たように，ベクトルの集合 $\{y_e\}_{e \in E}$ はベクトル $\mathbf{1}$ に直交する空間において等方的であった．$v_e = y_e$ に対して定理 8.2.4 を適用すると，任意の $x \perp \mathbf{1}$ に対して，

$$\sum_{e \in E} s_e \langle y_e, x \rangle^2 \in (1 \pm \epsilon)\|x\|^2$$

が成り立つ $\{s_e\}$ で非ゼロの個数が $O(\epsilon^{-2} n \log n)$ であるものが得られる（$a \in (1 \pm \epsilon)b$ は $(1 - \epsilon)b \leq a \leq (1 + \epsilon)b$ の略記）．行列 $L_G^{1/2}$ は $\mathbf{1}$ に直交する空間において全単射であるので，任意の $x \perp \mathbf{1}$ に対して

$$\sum_{e \in E} s_e \langle y_o, L_G^{1/2} x \rangle^2 \in (1 + \epsilon)\|L_G^{1/2} x\|^2$$

$$\Leftrightarrow \sum_{e \in E} s_e \langle L_G^{1/2} L_G^{\dagger/2} b_e, x \rangle^2 \in (1 \pm \epsilon)\|L_G^{1/2} x\|^2$$

が成り立つ．$L_G^{1/2} L_G^{\dagger/2}$ は $\mathbf{1}$ に直交する空間において恒等写像として振る舞うので，

$$\sum_{e \in E} s_e \langle b_e, x \rangle^2 \in (1 \pm \epsilon) \| L_G^{1/2} x \|^2$$

が成り立つ. 左辺, 右辺ともに x の $\mathbf{1}$ に直交する成分にしか依存しない量であるので, 任意の $x \in \mathbb{R}^V$ に対して,

$$\sum_{e \in E} s_e \langle b_e, x \rangle^2 \in (1 \pm \epsilon) \| L_G^{1/2} x \|^2$$

$$\Leftrightarrow x^\top \left(\sum_{e \in E} s_e b_e b_e^\top \right) x \in (1 \pm \epsilon) x^\top L_G x$$

$$\Leftrightarrow (1 - \epsilon) L_G \preceq \sum_{e \in E} s_e b_e b_e^\top \preceq (1 + \epsilon) L_G$$

が成り立つ. よって $E_H = \{ e \in E : s_e > 0 \}$, $w_H(e) = s_e$ $(e \in E_H)$ と置くと, グラフ $H = (V, E_H, w_H)$ は枝の本数が $O(\epsilon^{-2} n \log n)$ の G の ϵ スペクトル疎化器となる.

上記の証明では, グラフの疎化を等方的なベクトル集合の疎化に帰着したが, 定理 8.2.4 の議論から, 枝 $e \in E$ のサンプリング確率は $\| y_e \|^2 = b_e^\top L_G^\dagger b_e$ であり, これは e の有効抵抗 r_e に等しい (4.4 節を参照).

8.3 線形サイズの疎化器

本節では線形サイズの疎化器の存在を示す.

定理 8.3.1 任意のグラフ G に対して, $O(\epsilon^{-2} n)$ 本の枝からなる ϵ スペクトル疎化器を出力する多項式時間決定性アルゴリズムが存在する.

どのような連結なグラフでもスペクトル疎化器は連結性を保つために $\Omega(n)$ 本の枝を持たなければならず, 定理 8.3.1 がタイトであることが分かる. また, 確率的な議論で存在が簡単に証明できるものでも, 実際に決定性アルゴリズムを用いてそれを構築することは非自明なことが多い. 定理 8.3.1 はスペクトル疎化器に関してはそれが可能であることを示している.

定理 8.3.1 を示すには, 8.2.3 節の議論より, 以下の定理を示せばよい.

定理 8.3.2 ベクトル $v_1, v_2, \ldots, v_m \in \mathbb{R}^n$ が等方的, すなわち $\sum_{i=1}^m v_i v_i^\top = I$ を満たすとする. このとき任意の $d > 0$ に対して, 非ゼロの個数が高々 dn の $s_1, s_2, \ldots, s_m \in \mathbb{R}$ が存在し,

$$\left(1 - \frac{1}{\sqrt{d}} \right)^2 I \preceq \sum_{i=1}^m s_i v_i v_i^\top \preceq \left(1 + \frac{1}{\sqrt{d}} \right)^2 I$$

を満たす.

前節で用いたランダムサンプリングで線形サイズの疎化器を得るのは

自明ではない．例として，正規直交基底 $e_1, e_2, \ldots, e_n \in \mathbb{R}^n$ を考える．$\sum_{i=1}^n e_i e_i^\top = I$ である．すべてのベクトルは同じ大きさを持つので，どの e_i をサンプリングする確率も $p_i = 1/n$ となる．さて，$\sum_{i=1}^n s_i e_i e_i^\top$ が I のスペクトル疎化器になるためには，すべての s_i が正でなければならない．しかしアルゴリズム 8.1 を使って，すべての s_i を正にしようとすると，$C = \Omega(\log n)$ としなければならないことが簡単な計算で分かる．この例では n 個しかベクトルがないので実際に得られる疎化器の大きさは $O(n)$ であるが，前節の評価に従うと疎化器の大きさは $Cn = \Omega(n \log n)$ となってしまう．

8.3.1 ポテンシャル関数

線形サイズの疎化器を得るために，ベクトルをランダムに選ぶのではなく，ある条件を満たすベクトル $v_i \in \mathbb{R}^n$ と $t > 0$ を決定的に選び，手元にある行列 $A \in \mathbb{R}^{n \times n}$ を $A + t v_i v_i^\top$ に更新することを考える．その条件を記述するために，現在手元にある行列 A がどの程度単位行列に近いかを表すポテンシャル関数を定義する．

ポテンシャル関数は A のどのような性質を捉えているべきだろうか．まず A を更新する上で自然に考えることの一つは，最大固有値 $\lambda_{\max}(A)$ が上がりすぎないようにすることである（最終的には $1 + \epsilon$ に収まっていなければならない）．しかし最大固有値を考えるだけでは，すべての方向 v に関して**延伸率** $\|Av\|/\|v\|$ が大きいのか，一つの方向だけで延伸率が大きく残りは小さいのかを区別をすることができない．理想的には，n ステップ後にすべての方向で延伸率が同じ度合いだけ増えてほしい．

よって，最大固有値ではなく大域的な延伸率の情報を見られるポテンシャル関数を定義したい．一例として，$\mathrm{tr}(A)/n$，つまり固有値の平均を使うことが考えられるが，固有値の平均が小さいからといって最大固有値も小さいとは言えないので，この定義も適切ではない．

そこでポテンシャル関数として，A の最大固有値より大きい適当な値 $u \in \mathbb{R}$ に対して

$$\Phi^u(A) = \mathrm{tr}(uI - A)^{-1} = \sum_{i=1}^n \frac{1}{u - \lambda_i}$$

を考える．ここで，$\lambda_1, \lambda_2, \ldots, \lambda_n$ は A の固有値である．$\Phi^u(A)$ が大きくなりすぎないように A を更新すれば，更新後の最大固有値は u にあまり近づかない．より一般には，$\Phi^u(A) \leq 1$ という条件が満たされているとき，固有値が $u - 1$ 以上のものは高々一個，$u - 2$ 以上のものは高々二個などとなり，u に近い大きな固有値の個数を制御することができる．

同様にして A の最小固有値より小さい適当な値 $l \in \mathbb{R}$ に対して

アルゴリズム 8.2: 線形サイズのスペクトル疎化

---

1 **Procedure** LinearSizedSparsification($v_1, v_2, \ldots, v_m \in \mathbb{R}^n, d$)

2   $A \leftarrow O$;

3   $u \leftarrow (d + \sqrt{d})n/(\sqrt{d} - 1)$;

4   $l \leftarrow -\sqrt{d}n$;

5   $\epsilon_u \leftarrow (\sqrt{d} + 1)/(\sqrt{d} - 1)$;

6   $\epsilon_l \leftarrow 1$;

7   **for** $i = 1$ *to* dn **do**

8    $u \leftarrow u + \epsilon_u$;

9    $l \leftarrow l + \epsilon_l$;

10    $i \in \{1, 2, \ldots, n\}$ と $t > 0$ で $\Phi^u(A + tv_iv_i^\top) \leq 1$ と
    $\Phi_l(A + tv_iv_i^\top) \leq 1$ を満たすものを選ぶ;

11    $A \leftarrow A + tv_iv_i^\top$.

12 **return** A.

$$\Phi_\ell(A) = \mathrm{tr}(A - lI)^{-1} = \sum_{i=1}^n \frac{1}{\lambda_i - l}$$

と定義して，小さい固有値を制御するのに用いる．

8.3.2 アルゴリズム

　線形サイズの疎化器の構築アルゴリズムをアルゴリズム 8.2 に示す．最初に行列 A を零行列 $O \in \mathbb{R}^{n \times n}$ に初期化し，$u = u_0 := (d + \sqrt{d})n/(\sqrt{d} - 1)$，$l = l_0 := -\sqrt{d}n$ と置く．アルゴリズムを通じて保持する条件は $\Phi^u(A) \leq 1$ と $\Phi_l(A) \leq 1$ である．初期段階では

$$\Phi^u(A) = \frac{n}{u - 0} = \frac{\sqrt{d} - 1}{d + \sqrt{d}} \leq 1,$$
$$\Phi_l(A) = \frac{n}{0 + \sqrt{d}n} = \frac{1}{\sqrt{d}} \leq 1$$

であるので，条件は満たされている．

　各ステップにおいて，まず $\epsilon_u := (\sqrt{d} + 1)/(\sqrt{d} - 1)$ と $\epsilon_l := 1$ をそれぞれ u と l に加える．次に $i \in \{1, 2, \ldots, n\}$ と $t > 0$ を選び，$A \leftarrow A + tv_iv_i^\top$ と更新する．この際，更新後にも $\Phi^u(A) \leq 1$ と $\Phi_l(A) \leq 1$ が満たされるように i と t を選べることを後に示す．

　もしすべてのステップで上手く i と t を選ぶことが可能であれば，dn ステップ後には

$$\lambda_{\max} \leq u_0 + \epsilon_u dn \leq \frac{(d + \sqrt{d})n + (\sqrt{d} + 1)dn}{\sqrt{d} - 1} = \frac{(\sqrt{d} + 1)(d + \sqrt{d})}{\sqrt{d} - 1} \cdot n,$$
$$\lambda_{\min} \geq l_0 + \epsilon_l dn \geq -\sqrt{d}n + dn = (d - \sqrt{d})n$$

となる．よって両者の比は

$$\frac{\lambda_{\max}}{\lambda_{\min}} \leq \left(\frac{\sqrt{d}+1}{\sqrt{d}-1}\right)^2$$

となり，所望の結果が得られる．

8.3.3 解析

本小節では，アルゴリズム 8.2 において必ず i と t をポテンシャルが 1 を超えないように選べることを示す．毎回の更新で，どのようにポテンシャル関数が変化するかを解析したいが，そのために以下の定理を用いる．

補題 8.3.3（シャーマン–モリソンの公式） $M \in \mathbb{R}^{n \times n}$ を行列，$x \in \mathbb{R}^n$ をベクトル，$t \in \mathbb{R}$ とし，M と $M - txx^\top$ の両方が可逆であるとする．このとき以下が成り立つ．

$$(M - txx^\top)^{-1} = M^{-1} + \frac{tM^{-1}xx^\top M^{-1}}{1 - tx^\top M^{-1}x}.$$

さて，更新後の u を u' と書くことにすると，ポテンシャル関数 Φ^u の変化は以下のように解析できる．

$$\begin{aligned}
\Phi^{u'}(A + tvv^\top) &= \mathrm{tr}(u'I - A - tvv^\top)^{-1}\\
&= \mathrm{tr}\left((u'I - A)^{-1} + \frac{t(u'I - A)^{-1}vv^\top(u'I - A)^{-1}}{1 - tv^\top(u'I - A)^{-1}v}\right)\\
&= \mathrm{tr}((u'I - A)^{-1}) + t \cdot \mathrm{tr}\left(\frac{v^\top(u'I - A)^{-2}v}{1 - tv^\top(u'I - A)^{-1}v}\right)\\
&= \Phi^{u'}(A) + \frac{v^\top(u'I - A)^{-2}v}{1/t - v^\top(u'I - A)^{-1}v}.
\end{aligned}$$

よって

$$\begin{aligned}
&\Phi^{u'}(A + tvv^\top) \leq \Phi^u(A)\\
\Leftrightarrow{}& \Phi^{u'}(A) - \Phi^u(A) + \frac{v^\top(u'I - A)^{-2}v}{1/t - v^\top(u'I - A)^{-1}v} \leq 0\\
\Leftrightarrow{}& \frac{1}{t} \geq \frac{v^\top(u'I - A)^{-2}v}{\Phi^u(A) - \Phi^{u'}(A)} + v^\top(u'I - A)^{-1}v
\end{aligned} \tag{8.1}$$

が成り立つ．よってどのように v を選んでも，t をある程度小さくすればポテンシャルは増加しない．

下界の議論も似ている．更新後の l を l' と書くことにすると，以下が成り立つ．

$$\begin{aligned}
\Phi_{l'}(A + tvv^\top) &= \mathrm{tr}(A + tvv^\top - l'I)^{-1}\\
&= \mathrm{tr}\left((A - l'I)^{-1} - \frac{t(A - l'I)^{-1}vv^\top(A - l'I)^{-1}}{1 + tv^\top(A - l'I)^{-1}v}\right)
\end{aligned}$$

$$= \Phi_{\ell'}(A) - \frac{v^\top (A - l'I)^{-2} v}{1/t + v^\top (A - l'I)^{-1} v}.$$

よって

$$\Phi_{l'}(A + tvv^\top) \le \Phi_l(A)$$

$$\Leftrightarrow \Phi_{l'}(A) - \Phi_l(A) - \frac{v^\top (A - l'I)^{-2} v}{1/t + v^\top (A - l'I)^{-1} v} \le 0$$

$$\Leftrightarrow \frac{1}{t} \le \frac{v^\top (A - l'I)^{-2} v}{\Phi_{l'}(A) - \Phi_l(A)} - v^\top (A - l'I)^{-1} v. \tag{8.2}$$

先ほどと違い右辺は負になり得るので，いつも Φ_l が増加しないように v と $t > 0$ が見つけられるかは自明ではない.

条件 (8.1) と (8.2) の両者を満たす $v \in \{v_1, v_2, \ldots, v_m\}$ と $t > 0$ を見つけたい. ここで (8.1) の右辺の $v \in \{v_1, v_2, \ldots, v_m\}$ に関する和と, (8.2) の右辺の $v \in \{v_1, v_2, \ldots, v_m\}$ に関する和を考える. 結果的には後者のほうが大きいことを示すことができ，これは上手く $i \in \{1, 2, \ldots, n\}$ と $t > 0$ を選べば，両方の条件を満たすようにできることを意味している. まず (8.1) の右辺の和を考える.

$$\sum_{i=1}^{m} \left(\frac{v_i^\top (u'I - A)^{-2} v_i}{\Phi^u(A) - \Phi^{u'}(A)} + v_i^\top (u'I - A)^{-1} v_i \right)$$

$$= \sum_{i=1}^{m} \left(\frac{\operatorname{tr}((u'I - A)^{-2} v_i v_i^\top)}{\Phi^u(A) - \Phi^{u'}(A)} + \operatorname{tr}((u'I - A)^{-1} v_i v_i^\top) \right)$$

$$= \left(\frac{\operatorname{tr}((u'I - A)^{-2} \sum_{i=1}^{m} v_i v_i^\top)}{\Phi^u(A) - \Phi^{u'}(A)} + \operatorname{tr} \left((u'I - A)^{-1} \sum_{i=1}^{m} v_i v_i^\top \right) \right)$$

（トレースは線形）

$$= \frac{\operatorname{tr}(u'I - A)^{-2}}{\Phi^u(A) - \Phi^{u'}(A)} + \operatorname{tr}(u'I - A)^{-1} \quad (\textstyle\sum_{i=1}^{m} v_i v_i^\top = I \text{ より})$$

$$= \frac{\sum_{j=1}^{n} \frac{1}{(u + \epsilon_u - \lambda_j)^2}}{\sum_{j=1}^{n} \frac{1}{u - \lambda_j} - \sum_{j=1}^{n} \frac{1}{u + \epsilon_u - \lambda_j}} + \Phi^{u'}(A)$$

$$= \frac{\sum_{j=1}^{n} (u + \epsilon_u - \lambda_j)^{-2}}{\sum_{j=1}^{n} \epsilon_u (u - \lambda_j)^{-1} (u + \epsilon_u - \lambda_j)^{-1}} + \Phi^{u'}(A)$$

$$< \frac{1}{\epsilon_u} + \Phi^u(A) \quad (\Phi^u(A) > \Phi^{u'}(A) \text{ より})$$

(8.2) の右辺の和はもう少し複雑であるが，同様の計算を経て

$$\sum_{i=1}^{m} \left(\frac{v_i^\top (A - l'I)^{-2} v_i}{\Phi_{l'}(A) - \Phi_l(A)} - v_i^\top (A - l'I)^{-1} v_i \right)$$

$$= \frac{\operatorname{tr}(A - l'I)^{-2}}{\Phi_{l'}(A) - \Phi_l(A)} - \operatorname{tr}(A - l'I)^{-1}$$

$$= \frac{\sum_{j=1}^{n} (\lambda_j - l - \delta_l)^{-2}}{\sum_{j=1}^{n} (\lambda_j - l - \epsilon_l)^{-1} - \sum_{j=1}^{n} (\lambda_j - l)^{-1}} - \sum_{j=1}^{n} (\lambda_j - l - \epsilon_l)^{-1}$$

$$> \frac{1}{\epsilon_l} - \Phi_l(A)$$

となることが示せる.

よって ϵ_u と ϵ_l を上手く設定し, $1/\epsilon_l - \Phi_l(A) \geq 1/\epsilon_u + \Phi^u(A)$ とすれば, v_i と t を上手く選んで, $\Phi_{l'}(A + tv_iv_i^\top) \leq \Phi_l(A)$ かつ $\Phi^{u'}(A + tv_iv_i^\top) \leq \Phi^u(A)$ となるようにできる. よって最小に課した条件は更新後も満たされ続ける. 具体的には8.3.2節で述べたように, $u_0, l_0, \epsilon_u, \epsilon_l$ を選べば, $1/\epsilon_l - \Phi_{l_0}(A) \geq \frac{1}{\epsilon_u} + \Phi_{u_0}(A)$ が満たされていることが確認できる.

出典および関連する話題

グラフのカット疎化は Benczúr と Karger により導入され[17], 最小カット問題を高速に解くための道具として用いられた. カット疎化を用いることで枝の本数を $m = O(n^2)$ から $\tilde{O}(n)$ に減らすことができるので, 枝の本数が計算時間に関わってくるアルゴリズムを自動的に高速化することができる. 彼らのアルゴリズムは各枝 e を**強度**と呼ばれる値に比例する確率でサンプリングするものである. 強度を定義するためにはいくつかの準備が必要である. まずグラフ $G = (V, E)$ 中の二点 u, v が **k 枝連結**であるとは, u と v を非連結にするために少なくとも k 本の枝を削除しなければならないことを言う. グラフ G が k 枝連結であるとは, その中のどの二点も k 枝連結であることを言う. 次に G の k **強成分**とは, G の k 枝連結な誘導部分グラフで極大なもののことを言う. 最後に G の枝 e の強度とは, e の両端点を含む k 強成分が存在する最大の k を指す.

Benczúr と Karger は様々な方向に拡張されており, 例えば枝 e をその枝連結度に基づいてサンプリングすることでもカット疎化が達成できることが知られている[54]. ここで e の**枝連結度**とは, その端点が k 枝連結であるような最大の k を指す. これらの結果は本章のように線形代数を用いて証明されているのではなく, (ある性質を持った) 小さいカットの数を数えるなどの組合せ的な議論で証明されている.

スペクトル疎化は Spielman と Teng により導入され[124],[125], 9 章で紹介するラプラス方程式の高速解法を構築するために用いられた. 8.2 節の内容は Spielman と Srivastava により得られたものである[123]. 後者はアルゴリズムや解析は単純であるものの有効抵抗を計算する必要があり, それを高速に計算するためには結局ラプラス方程式を高速に (近似的に) 解く必要がある.

8.3 節の内容は [15] による. 線形サイズの疎化器はほぼ線形時間で構築できることが知られている[85]. また Discrepancy 理論を用いた構成法も知られている[114]. さらに, ϵ スペクトル疎化を行うためには $\Omega(\epsilon^{-2}n\log n)$ ビットの情報が必要であることが分かっている[26]. 一本の枝は両端点を記録することで

$O(\log n)$ ビットで記録できるので，定理 8.3.1 を本質的に改善することはできないことが分かる．

スペクトル疎化に関連する話題として Kadison–Singer 予想がある．これは任意の等方的なベクトル $v_1, v_2, \ldots, v_m \in \mathbb{R}^n$ で $\|v_i\| \leq \epsilon$ を満たすものに対して，ある符号ベクトル $x \in \{-1, 1\}^m$ が存在し，$\|\sum_{i=1}^m x_i v_i v_i^\top\| = O(\epsilon)$ を満たすものがあるというものである．Marcus, Spielman, Srivastava は，8.3 節で紹介したようなポテンシャル関数を利用することで，Kadison–Singer 予想を肯定的に解決した[96].

8.2 節で紹介したチェルノフ上界（定理 8.2.2）は乱択アルゴリズムの性能保証を行う際に頻繁に用いられる．乱択アルゴリズムおよびチェルノフ上界については [46], [100] などの書籍が詳しい．行列の集中不等式（定理 8.2.3）は多くの亜種が知られており，（乱択）数値線形代数において多数の応用がある．詳しくは Tropp[131] および Mahoney[94] による書籍を参照されたい．

またスペクトル疎化に関連する話題として，**部分空間埋め込み**がある．行列 $S \in \mathbb{R}^{d \times m}$ が行列 $A \in \mathbb{R}^{m \times n}$ に対して部分空間埋め込みであるとは，任意の $x \in \mathbb{R}^n$ に対して

$$(1 - \epsilon)\|Ax\|^2 \leq \|SAx\|^2 \leq (1 + \epsilon)\|Ax\|^2$$

が成り立つことを言う．$\|Ax\|^2 = x^\top (A^\top A)x$ と書けるので，A がグラフの接続行列で S が各行に非ゼロの要素を一つしか持たないとき，部分空間埋め込みとスペクトル疎化は一致する．部分空間埋め込みを前処理として行うことによって，線形回帰などの問題が高速に解けるようになる．部分空間埋め込みに関しては [45], [97], [136] などが詳しい．

第 9 章
ラプラス方程式の高速解法

　4章で見たように，**ラプラス方程式** $Lp = b$ を解くことで，外部電流 $b \in \mathbb{R}^V$ から電位ベクトル $p \in \mathbb{R}^V$ を求めることができる．一般的に線形連立方程式はガウスの消去法を用いることで $O(n^3)$ 時間で解を求めることができる．しかしラプラシアンがグラフから作られる特別な行列であることを利用した，ラプラス方程式をほぼ線形時間で解くアルゴリズムがいくつか知られている．9.1 節では，それらの多くで基礎となっている低伸長木について解説する．低伸長木の構築は純粋にグラフ理論的な議論であり，スペクトルグラフ理論とは独立している．しかしその低伸長木を利用することでラプラス方程式を高速に解く組合せ的なアルゴリズムが構築できることを 9.2 節で紹介する．

9.1　低伸長木

　グラフ $G = (V, E)$ とその全域木 T に対して，枝 $\{u, v\} \in E$ の**伸長度**を

$$\mathrm{st}_T(u, v) = d_T(u, v)$$

と定義する．ここで $d_T(u, v)$ は T における u と v の間の距離である．元々のグラフにおける u と v の間の距離は 1 であるので，これは T の枝を使うことでその距離が何倍に伸びるかを表している．次に T の G における**総伸長度**と**平均伸長度**をそれぞれ，

$$\mathrm{st}_T(G) := \sum_{e \in E} \mathrm{st}_T(e),$$
$$\overline{\mathrm{st}}_T(G) := \frac{1}{m} \sum_{e \in E} \mathrm{st}_T(e)$$

と定義する．本節では，任意の定数 $\epsilon > 0$ に対して，平均伸長度が n^ϵ 以下となるような全域木がほぼ線形時間で構築できることを示す．

アルゴリズム 9.1: 低伸長木の構築アルゴリズム

1 **Procedure** LowStretchTree($G = (V, E), \epsilon$)

2 $\quad$ $D \leftarrow 4m^{\epsilon/2} \log m$;

3 $\quad$ 補題 9.1.1 を用いて $G = (V, E)$ の分割 $U_1, U_2, \ldots, U_k$ で直径が D 以下の
$\quad\quad$ ものを求める;

4 $\quad$ **for** $i = 1, 2, \ldots, k$ **do**

5 $\quad\quad$ $G[U_i]$ の任意の全域木 T_i を取る.

6 $\quad$ $U_1, U_2, \ldots, U_k$ を縮約してできるグラフを G' とする;

7 $\quad$ $T' \leftarrow$ LowStretchTree(G', ϵ);

8 $\quad$ **return** $T' \cup \bigcup_i T_i$

9.1.1 低伸長木の構築

低伸長木の構築アルゴリズムのアイデアは単純で，まず与えられたグラフ G を直径の小さい部分グラフ $U_1, U_2, \ldots, U_k$ に分割し，それぞれの部分について全域木 $T_1, T_2, \ldots, T_k$ を構築する．次にこれらの全域木を縮約したグラフを G' とし，G' に対する伸長度の低い木 T' を再帰的に構築する．最後に $T' \cup \bigcup_{i=1}^{k} T_i$ を G に対する全域木として出力する（アルゴリズム 9.1）.

グラフ G に対してその直径を $\mathrm{diam}(G)$ と書くことにする．9.1.2 節で以下を示す．後に縮約操作を行う関係上，ここでは多重グラフを考える．

補題 9.1.1 任意の多重グラフ $G = (V, E)$ と正整数 D に対して，V の分割 $U_1, U_2, \ldots, U_k$ で以下を満たすものが存在する．

- 任意の $i \in \{1, 2, \ldots, k\}$ に対して誘導部分グラフ $G[U_i]$ の直径は D 以下.
- $\alpha_D(m) = 4 \log m / D$ とすると，異なる部分を結ぶ枝の本数は（多重度も含めて）高々 $\alpha_D(m) \cdot m$ 以下.

またこのような分割は $O(m)$ 時間で求められる．

二つ目の性質は $D = \Omega(\log m)$ のときのみ意味を持つ.

定理 9.1.2 任意の $\epsilon = \Omega(\sqrt{\log \log n / \log n})$ に対して，アルゴリズム 9.1 は，平均伸長度 $n^{O(\epsilon)}$ の木を出力する．また計算時間は $O(\epsilon^{-1} m \log \log m)$ である．

証明 T を出力された木とする．頂点集合 V の分割 $U_1, U_2, \ldots, U_k$ に対して，G' を $U_1, U_2, \ldots, U_k$ を縮約してできる（多重）グラフとし，縮約してできた頂点をそれぞれ $u_1, u_2, \ldots, u_k$ と呼ぶことにする．T' を再帰で見つかった G' に対する木とする．

平均伸長度を計算するために，ランダムな枝 $(u, v) \in E$ に対して，T 上での u-v 道 P を考える．

- もし (u, v) が内部枝，すなわちある $i \in \{1, 2, \ldots, k\}$ が存在して，$u, v \in U_i$

とする．このとき $d_T(u,v) \le 2D$ である．

- もし (u,v) が部分間の枝，すなわち異なる $i,j \in \{1,2,\dots,k\}$ が存在し，$u \in U_i$ かつ $v \in U_j$ だったとする．P' を T' において u_i と u_j を結ぶ道とする．(u,v) は G' 中の枝からランダムに選ばれたとみなせる，その伸長度の期待値は T' の伸長度の期待値に等しい．よって $\mathbf{E}[|E(P')|] \le \overline{\mathrm{st}}_{T'}(G')$ である．

  P と P' の間の関連を考えると，P' の枝は P において部分間を移動する枝とみなせ，P' に現れる頂点 u_ℓ は P においては部分 U_ℓ 内を移動しているとみなすことができる．よって

$$\mathbf{E}[|E(P)|] \le \mathbf{E}[|E(P')|] + \mathbf{E}[|V(P')|] \cdot 2\max_i \mathrm{diam}(T_i)$$

$$\le \overline{\mathrm{st}}_{T'}(G') + (\overline{\mathrm{st}}_{T'}(G') + 1) \cdot 2D$$

$$\le \overline{\mathrm{st}}_{T'}(G') \cdot 5D.$$

アルゴリズム 9.1 が枝の本数 m のグラフに対して出力する木の平均伸長度の最大値を $\overline{\mathrm{st}}(m)$ と書く．また D の m への依存を明確にするために $D(m)$ と書くことにする．内部枝の伸長度は $2D(m)$ であり，部分間の枝の割合は $\alpha_D(m)$ であるため，

$$\overline{\mathrm{st}}(m) \le 2D(m) + \alpha_D(m) \cdot \overline{\mathrm{st}}(\alpha_D(m)m) \cdot 5D(m)$$

$$\le 2D(m) + 20\log(m)\overline{\mathrm{st}}(\alpha_D(m)m)$$

となる．

$D(m) = 4m^{\epsilon/2}\log m$ であるので，$D(m) \le m^\epsilon$ であり，$\alpha_D(m) \le m^{-\epsilon/2}$ となる．すると $\overline{\mathrm{st}}(m) \le 2m^\epsilon + 20\log(m)\overline{\mathrm{st}}(m^{1-\epsilon/2})$ になる．ここで（十分大きい m に対して）$\overline{\mathrm{st}}(m) \le 3m^\epsilon$ で抑えられることが，

$$\overline{\mathrm{st}}(m) \le 2m^\epsilon + 20\log m \cdot 3m^{\epsilon-\epsilon^2/2} \le 3m^\epsilon$$

と確認できる（ここで $\epsilon = \Omega(\sqrt{\log\log n / \log n})$ という仮定を用いた）．$m \le n^2$ であるので，$\overline{\mathrm{st}}(m) \le 3n^{2\epsilon}$ となる．

最後に計算時間について考察する．今の枝の本数 m に対して，縮約後のグラフ G' の枝の本数は $4\log m/D \cdot m = m^{1-\epsilon/2}$ 以下である．これは $\log m$ が毎回 $\epsilon/2$ 割合減少するともみなせるので，再帰の深さは $\epsilon^{-1}\log\log m$ 以下となることが分かる　各深さにおいて低直径分割を求める計算時間の合計は $O(m)$ で抑えられるので，結果として全体の計算時間は $O(\epsilon^{-1}m\log\log n)$ となる．　□

$\epsilon = \Theta(\sqrt{\log\log n / \log n})$ と選ぶと，平均伸長度は $\exp(\sqrt{\log n \log\log n})$ となる．

アルゴリズム 9.2: 低直径分割

---

1 **Procedure** LOWDIAMETERDECOMPOSITION($G = (V, E), D$)

2     $\alpha \leftarrow \alpha_D(m) := 4 \log m / D;$

3     $i \leftarrow 0;$

4   **while** $V(G) \neq \emptyset$ **do**

5        $i \leftarrow i + 1;$

6   G 中の頂点 v_i を任意に選ぶ;

7   r_i を $|E(v_i, r + 1)| \leq (1 + \alpha)|E(v_i, r)|$ を満たす最小の r とする;

8        $U_i \leftarrow B(v, r_i);$

9        $G \leftarrow G[V(G) \setminus U_i];$

10   **return** $U_1, U_2, \ldots, U_i.$

9.1.2 低直径分割

本小節では補題 9.1.1 を示す.

頂点 $u \in V$ と正整数 r に対して，$B(u, r) := \{v \in V : d(u, v) \leq r\}$ を u を中心とする半径 r の**球**とする. 球 $B(u, r)$ の内部の枝を $E(u, r)$ と書く. 補題 9.1.1 を示すために，アルゴリズム 9.2 を考える. このアルゴリズムでは，与えられたグラフ G がまだ頂点を持つ限り，その頂点を中心とする球で，半径を 1 増加させても枝の本数があまり増えないようなものを切り取ることを繰り返す.

補題 9.1.1 の証明 アルゴリズム 9.2 により出力された頂点集合を $U_1, U_2, \ldots, U_k$ とする. まず部分間の枝の本数が αm 以下であることを示す. 各部分 U_i に対して，r_i の選び方より

$$e(U_i, V \setminus U_i) \leq |E(v_i, r_i + 1)| - |E(v_i, r_i)| \leq \alpha |E(v_i, r_i)|$$

が成り立つ. ここで $E(U_i, V \setminus U_i)$ を $E(v_i, r_i)$ に割り当てることを考えると，部分間の枝は一度しか割り当てられず，$\sum_{i=1}^{k} |E(v_i, r_i)| \leq m$ であるので，部分間の枝は αm 以下となることが分かる.

次に $\max\{r_1, r_2, \ldots, r_k\} \leq D/2$ であることを示す. もしそうでないとすると，ある $i^* \in \{1, 2, \ldots, k\}$ が存在して，

$$|E(v_{i^*}, r + 1)| > (1 + \alpha)|E(v_{i^*}, r)|$$

が $r = 1, 2, \ldots, D/2$ で成り立つ. すると

$$|E(v_{i^*}, r_{i^*})| \geq |E(v_{i^*}, 1)|(1 + \alpha)^{D/2}$$
$$> (e^{\alpha/2})^{D/2} \quad (0 < x < 1 \text{ で } 1 + x > e^{x/2} \text{ より})$$
$$= e^{\alpha D/4}$$

$$= m$$

となり，これは矛盾である．

　幅優先探索を用いることでアルゴリズム 9.2 が $O(m)$ 時間で実行できることは簡単に分かる．　　　　　　　　　　　　　　　　　　　　　　　　　　　　□

9.2　組合せ的アルゴリズム

　本節ではラプラス方程式 $Lp = b$ をほぼ線形時間で解く組合せ的なアルゴリズムについて紹介する．本節の目標は以下を示すことである．

定理 9.2.1　ラプラス方程式 $Lp = b$ の解を $p^* \in \mathbb{R}^V$ とする．このとき，

$$\|p - p^*\|_L := (p - p^*)^\top L(p - p^*) \le \epsilon \|p^*\|$$

を満たすベクトル $p \in \mathbb{R}^V$ を

$$m \exp(O(\sqrt{\log n \log \log n})) \log(\epsilon^{-1} m \exp(\sqrt{\log n \log \log n})) \log n$$

時間で計算するアルゴリズムが存在する．

9.2.1　アルゴリズム

　4 章で見たように，ラプラス方程式は外部電流 $b \in \mathbb{R}^V$ を頂点に流したときに電位ベクトル $p \in \mathbb{R}^V$ を計算していると言い換えることができる．枝に対する適当な向き付け $\vec{E}$ を考えることにし，対応する接続行列を $B \in \mathbb{R}^{E \times V}$ とすると，電流 $x \in \mathbb{R}^E$ は流量保存則 $B^\top x = b$ を満たす必要がある．流量保存則を満たす x は**フロー**と呼ばれる．補題 4.3.1 で見たように，電流はフローの中でエネルギーを最小にするものであった．そこで最初に流量保存則を満たすフローを作成し，少しずつそのエネルギーを低下させるように更新していくことを考える．

　ラプラス方程式を解くアルゴリズムをアルゴリズム 9.3 に与える．このアルゴリズムではまず最初に 9.1 節の議論を用いて，低伸長度の木 T を作成する．次に T の枝のみを使って $B^\top x^{(0)} = b$ を満たすフロー $x^{(0)} \in \mathbb{R}^E$ を作成する．これは一意に定まる．しかし x はキルヒホッフの法則，すなわち任意の有向サイクル C に対して $\sum_{(u,v) \in C} x_{uv} = 0$ が成り立つという法則，を一般には満たしていない（C の枝の向き付けと $\vec{E}$ の向き付けは無関係であり，$(v, u) \in \vec{E}$ のとき，$x_{uv} = -x_{vu}$ と定義する）．そこで適当な有向サイクル C を選び，x が C においてキルヒホッフの法則を満たすようにフローを更新していく．具体的には C に対して，

アルゴリズム 9.3: 組合せ的なラプラス方程式の解法

---

1 **Procedure** LAPLACIANSOLVER($G = (V, E), b, \epsilon, \epsilon_{\mathrm{st}}$)

2 $\quad$ $T \leftarrow$ LOWSTRETCHTREE($G, \epsilon_{\mathrm{st}}$);

3 $\quad$ $x^{(0)} \leftarrow b$ に関する流量保存則を満たす T 上のフロー;

4 $\quad$ **for** $i = 1, 2, \ldots, k := \Theta(\mathrm{st}_T(G) \log(\epsilon^{-1} \mathrm{st}_T(G)))$ **do**

5 $\quad\quad$ $e \in E \setminus T$ を $|C_e|$ に比例する確率で選ぶ;

6 $\quad\quad$ $C \leftarrow T$ と e が作る有向サイクル;

7 $\quad\quad$ 式 (9.1) に従って $x^{(i-1)}$ から $x^{(i)}$ を計算する.

8 $\quad$ $p^{(k)} \leftarrow x^{(k)}$ に対して式 (9.2) から定まるポテンシャル;

9 $\quad$ **return** $p^{(k)}$.

$$\Delta(C, x) := \sum_{(u,v) \in C} x_{uv},$$

と定義し,

$$x_{uv}^{(i)} := \begin{cases} x_{uv}^{(i-1)} - \dfrac{\Delta(C, x^{(i-1)})}{|C|} & (u,v) \in C \text{ のとき}, \\ x_{uv}^{(i-1)} & \text{その他のとき} \end{cases} \tag{9.1}$$

とフロー $x^{(i-1)}$ からフロー $x^{(i)}$ を構築する. この更新により変更後は C においてキルヒホッフの法則が満たされていることが分かる.

T に含まれない有向枝 $(u, v) \in \vec{E}$ に対して, C_{uv} を (u, v) と T の枝を用いて作られるサイクルとする. アルゴリズムの各ステップでは, T に含まれない有向枝 $(u, v) \in \vec{E}$ を $|C_{uv}|$ に比例する確率で選び, C_{uv} に関して x を更新していく.

木 T の根 $r \in V$ を任意に定め, 頂点 $v \in V$ に対して P_v を T において v から r に至る有向道とする (P_v の枝の向き付けと $\vec{E}$ の枝の向き付けは無関係である). フロー $x \in \mathbb{R}^E$ に対して, x が誘導するポテンシャル $p \in \mathbb{R}^V$ を,

$$p_v = \sum_{(i,j) \in P_v} x_{ij} \quad (v \in V) \tag{9.2}$$

と定める ($p_r = 0$ とする). 定義から p は T 中の枝に関してはオームの法則を満たしている. アルゴリズムの最終的な出力は, 適切に定めた k に対して $x^{(k)}$ に誘導されるポテンシャル $p^{(k)}$ である (このポテンシャルの構成法は補題 4.1.4 の証明で用いたものと同じである).

9.2.2 計算時間

計算時間について簡単に述べておく. 定理 9.1.2 より, 低伸長木 T は $O(\epsilon_{\mathrm{st}}^{-1} m \log \log m)$ 時間で求まる. またステップ数 k は

$$k = mn^{O(\epsilon_{\mathrm{st}})} \log(\epsilon^{-1} mn^{O(\epsilon_{\mathrm{st}})})$$

となる. すべての枝 $e \in E \setminus T$ について $|C_e|$ を計算するのは $O(m)$ 時間で可能である. さらにサイクルを選んだ際に $x^{(i-1)}$ から $x^{(i)}$ を構築するのは, 適当な平衡木を用いることで $O(\log n)$ 時間で行うことができる. また $p^{(k)}$ の計算も $O(m)$ 時間で可能である. よって最終的な計算時間は

$$O(\epsilon_{\mathrm{st}}^{-1} m \log \log m) + O(m) + k \cdot O(\log n) + O(m)$$
$$= O(\epsilon_{\mathrm{st}}^{-1} m \log \log n + mn^{O(\epsilon_{\mathrm{st}})} \log(\epsilon^{-1} mn^{\epsilon_{\mathrm{st}}}) \cdot \log n)$$

となる. $\epsilon_{\mathrm{st}} = \Theta(\sqrt{\log \log n / \log n})$ と選べば, 全体の計算時間は

$$O\left(m \exp(O(\sqrt{\log n \log \log n})) \log(\epsilon^{-1} m \exp(O(\sqrt{\log n \log \log n}))) \log n\right)$$

となる.

9.2.3 精度の解析

アルゴリズムの精度の解析は以下の三つの要素からなる.

- 初期フローと電流の間で, エネルギーの差は大きくないことを示す.
- 各ステップでエネルギーの差が $1 - 1/\mathrm{st}_T(G)$ 割合で減少することを示す.
- 最終的に得られたフローと電流の差から, 出力するポテンシャルと電位ベクトルとの差を示す.

後の解析のために, 現在の誤差を測る関数を導入する. 補題 4.3.3 より, 真の電流 x^* と電位ベクトル p^* に対しては

$$2b^\top p^* - (p^*)^\top L(p^*) = \mathcal{E}(x^*)$$

が成り立つ. そこで真の解とのずれを測るために次のような誤差関数 $\mathrm{gap} : \mathbb{R}^E \times \mathbb{R}^V \to \mathbb{R}$ を定義する.

$$\mathrm{gap}(x, p) = \mathcal{E}(x) - (2b^\top p - p^\top L p).$$

さて補題 4.3.3 より真の電流 x^* に対して

$$(2b^\top p - p^\top L p) \le \mathcal{E}(x^*)$$

が成り立つので（x がフローであれば）

$$\mathcal{E}(x) - \mathcal{E}(x^*) \le \mathrm{gap}(x, p) \tag{9.3}$$

が常に成り立つ.

次に $\mathrm{gap}(x, p)$ は $\Delta(C, x)$ を用いて言い換えられることを示す.

補題 9.2.2 $x \in \mathbb{R}^E$ をフロー, p を x が誘導するポテンシャル（9.2）とする. このとき

$$\mathrm{gap}(x,p) = \sum_{(u,v)\in\vec{E}:\{u,v\}\notin E(T)} \Delta(C_{uv},x)^2$$

が成り立つ.

証明 定義より

$$\mathrm{gap}(x,p) = \mathcal{E}(x) - (2b^\top p - p^\top L p)$$
$$= \sum_{(u,v)\in\vec{E}} x_{uv}^2 - 2\sum_{u\in V} b_u p_u + \sum_{(u,v)\in\vec{E}} (p_u - p_v)^2$$

である. また

$$\sum_{u\in V} b_u p_u = \sum_{u\in V} p_u \left(\sum_{v\in V:(u,v)\in\vec{E}} x_{uv} - \sum_{v\in V:(v,u)\in\vec{E}} x_{vu} \right)$$
$$= \sum_{(u,v)\in\vec{E}} x_{uv}(p_u - p_v)$$

が成り立つ. 上式に代入すると

$$\mathrm{gap}(x,p) = \sum_{(u,v)\in\vec{E}} \left(x_{uv}^2 - 2x_{uv}(p_u - p_v) + (p_u - p_v)^2 \right)$$
$$= \sum_{(u,v)\in\vec{E}} \left(x_{uv} - (p_u - p_v) \right)^2.$$

$(u,v) \in \vec{E}$ が T 上の枝であれば, $p_u - p_v = x_{uv}$ であるので, $\mathrm{gap}(x,p)$ には貢献しない. また $(u,v) \in \vec{E}$ が T 上の枝でないとき, $p_u - p_v = \sum_{(i,j)\in P_u} x_{ij} - \sum_{(i,j)\in P_v} x_{ij}$ であるので,

$$x_{uv} - (p_u - p_v) = x_{uv} - \sum_{(i,j)\in P_u} x_{ij} + \sum_{(i,j)\in P_v} x_{ij} = \Delta(C_{uv},x)$$

であり, 主張が成り立つ. $\square$

初期フローと電流のエネルギーの差

初期フローのエネルギーは以下を満たす.

補題 9.2.3

$$\mathcal{E}(x^{(0)}) - \mathcal{E}(x^*) \le (\mathrm{st}_T(G) - 1)\mathcal{E}(x^*).$$

証明 T 上のフロー x を電流 x^* から次のように作る: 各枝 $(i,j) \in \vec{E}$ に対して, P_{ij} を T において i から j へと伸びる有向道とし (これは有向道 P_i と P_j の枝の向きを逆にしたものを繋げたものに等しい), x_{ij}^* を P_{ij} に沿って流す. すると枝 $(u,v) \in T$ に対して,

$$x_{uv} = \sum_{(i,j)\in\vec{E}:(u,v)\in P_{ij}} x_{ij}^* - \sum_{(i,j)\in\vec{E}:(v,u)\in P_{ij}} x_{ij}^*$$

$$= \sum_{(i,j)\in\vec{E}\cup\mathrm{rev}(\vec{E}):(u,v)\in P_{ij}} x_{ij}^*$$

が成り立つ（ここで $\mathrm{rev}(\vec{E})$ は $\vec{E}$ の向き付けを逆にしたものである）．外部電流 b に対して流量保存則を満たす T 上のフローは一意に決まるので，これは $x^{(0)}$ に等しい．よって

$$\mathcal{E}(x^{(0)}) = \sum_{(u,v)\in T}\left(\sum_{(i,j)\in\vec{E}\cup\mathrm{rev}(\vec{E}):(u,v)\in P_{ij}} x_{ij}^*\right)^2$$

が成り立つ．コーシー–シュワルツの不等式より

$$\mathcal{E}(x^{(0)}) \le \sum_{(u,v)\in T}\left(\sum_{(i,j)\in\vec{E}\cup\mathrm{rev}(\vec{E}):(u,v)\in P_{ij}} 1^2 \sum_{(i,j)\in\vec{E}\cup\mathrm{rev}(\vec{E}):(u,v)\in P_{ij}} (x_{ij}^*)^2\right)$$

$$\le \sum_{(u,v)\in T}\sum_{(i,j)\in\vec{E}\cup\mathrm{rev}(\vec{E}):(u,v)\in P_{ij}} 1^2 \cdot \mathcal{E}(x^*)$$

$$= \sum_{(i,j)\in\vec{E}} |P_{ij}| \cdot \mathcal{E}(x^*) \le \mathrm{st}_T(G) \cdot \mathcal{E}(x^*)$$

が成り立つ． $\square$

エネルギーの減少

次の補題はフローの更新を通じてエネルギーが下がることを示している．

補題 9.2.4 $x\in\mathbb{R}^E$ をフローとし，x を有向サイクル C に関して更新することで得られるフローを $x'\in\mathbb{R}^E$ とする．このとき

$$\mathcal{E}(x') = \mathcal{E}(x) - \frac{\Delta(C,x)^2}{|C|}$$

が成り立つ．

証明 $\delta = \Delta(C,x)/|C|$ と置くと，

$$\mathcal{E}(x') - \mathcal{E}(x) = \sum_{(u,v)\in C}\left((x_{uv}-\delta)^2 - x_{uv}^2\right)$$

$$= \sum_{(u,v)\in C}(\delta^2 - 2\delta x_{uv}) = \delta^2|C| - 2\delta\Delta(C,x) = -\frac{\Delta(C,x)^2}{|C|}$$

が成り立つ． $\square$

木 T の**条件数**を

$$\tau := \sum_{(u,v)\in\vec{E}:\{u,v\}\notin E(T)} |C_{uv}|$$

と定義する．T 中の枝の伸長度は 1 で，それ以外の枝の伸長度は $|C_{uv}|-1$ で

あるので，

$$\tau = \sum_{(u,v)\in\vec{E}:\{u,v\}\notin E(T)} (\mathrm{st}_T(u,v)+1) \le \mathrm{st}_T(G) - |T| + (m - |T|)$$

$$= \mathrm{st}_T(G) + m - 2(n-1) = O(\mathrm{st}_T(G))$$

である．

補題 9.2.5 任意の $i \ge 1$ について以下が成り立つ．

$$\mathbf{E}[\mathcal{E}(x^{(i)}) - \mathcal{E}(x^*)] \le \left(1 - \frac{1}{\tau}\right)\mathbf{E}[\mathcal{E}(x^{(i-1)}) - \mathcal{E}(x^*)].$$

証明 アルゴリズムの各ステップでは枝 $(u,v) \in \vec{E}$ を確率 $|C_{uv}|/\tau$ で選ぶので，補題 9.2.2 と補題 9.2.4 より，$x^{(i-1)}$ から減少するエネルギーの期待値は

$$\frac{1}{\tau}\sum_{(u,v)\in\vec{E}:\{u,v\}\notin E(T)} |C_{uv}| \cdot \frac{\Delta(C_{uv}, x^{(i-1)})^2}{|C_{uv}|}$$

$$= \frac{1}{\tau}\sum_{(u,v)\in\vec{E}:\{u,v\}\notin E(T)} \Delta(C_{uv}, x^{(i-1)})^2 = \frac{\mathrm{gap}(x^{(i-1)}, p^{(i-1)})}{\tau}$$

となる（$p^{(i-1)}$ は $x^{(i-1)}$ に誘導される電位ベクトル）．よって式 (9.3) より

$$\mathbf{E}[\mathcal{E}(x^{(i)}) - \mathcal{E}(x^*)] \le \left(1 - \frac{1}{\tau}\right)\mathbf{E}[\mathcal{E}(x^{(i-1)}) - \mathcal{E}(x^*)]$$

が成り立つ． $\square$

補題 9.2.3 と k の選び方より以下が成り立つ．

系 9.2.6

$$\mathbf{E}[\mathcal{E}(x^{(k)}) - \mathcal{E}(x^*)] \le \frac{\epsilon}{\tau}\mathcal{E}(x^*).$$

ポテンシャルの誤差

最後にポテンシャルの誤差，すなわち $p^{(k)}$ と $p^* = L^\dagger b$ の間の差を調べる．まず

$$\|p^{(k)} - p^*\|_L^2 = \|p^{(k)} - L^\dagger b\|_L^2 = (p^{(k)} - L^\dagger b)^\top L(p^{(k)} - L^\dagger b)$$

$$= (p^{(k)})^\top L p^{(k)} - 2(p^{(k)})^\top L L^\dagger b + (p^*)^\top L p^*$$

$$= -(2(p^{(k)})^\top b - (p^{(k)})^\top L p^{(k)}) + \mathcal{E}(x^*)$$

$$= \mathrm{gap}(x^*, p^{(k)})$$

が成り立つ．また，補題 9.2.5 の証明から

$$\mathbf{E}\left[\mathrm{gap}(x^{(k)}, p^{(k)})\right] = \tau\,\mathbf{E}[\mathcal{E}(x^{(k)}) - \mathcal{E}(x^{(k+1)})] \le \tau\,\mathbf{E}[\mathcal{E}(x^{(k)}) - \mathcal{E}(x^*)]$$

が成り立つ．よって

$$\mathbf{E}[\|p^{(k)} - p^*\|_L^2] = \mathbf{E}[\mathrm{gap}(x^*, p^{(k)})]$$
$$= \mathbf{E}[\mathrm{gap}(x^{(k)}, p^{(k)})] - \mathbf{E}[\mathcal{E}(x^{(k)}) - \mathcal{E}(x^*)]$$
$$\leq (\tau - 1)\, \mathbf{E}[\mathcal{E}(x^{(k)}) - \mathcal{E}(x^*)]$$
$$\leq \epsilon \cdot \mathcal{E}(x^*) \quad (\text{系 } 9.2.6 \text{ より})$$
$$= \epsilon \cdot (p^*)^\top L p^* = \epsilon \|p^*\|_L^2$$

である．よって定理 9.2.1 が成り立つ．

出典および関連する話題

　ラプラス方程式の解を求めることは，これまでの章で紹介した有効抵抗など の計算に用いることができるのみならず，微分方程式を近似的に解く有限要素 法[22]を高速に実行するのにも用いることができる．

　伸長度という概念は k サーバ問題と呼ばれるオンライン問題（将来の入力 が分からない状況でアルゴリズムの動作を決めなければならない問題）に対 するアルゴリズムを作成するために考案され[5]，9.1 節で紹介した証明もそ こでの証明に基づいている．現在では平均伸長度が $O(\log n \log \log n)$ の木を $O(m \log n \log \log n)$ 時間で構築できることが分かっている[1]．

　本章では紹介していないが，ほぼ線形時間でラプラス方程式 $Lx = b$ を解く 最初のアルゴリズムは，以下のように逐次的に解を更新するアルゴリズムを基 にしている[124]．

$$x = (I - \alpha L)x + \alpha b.$$

ここで $\alpha \neq 0$ はアルゴリズムが自由に選べるパラメータである．この方法は L の**条件数**（最大固有値と非ゼロの最小固有値の比）が小さいときには高速に 動作するが，一般的にラプラシアンの条件数は $\Omega(n)$ になり得るため，そのま までは遅い．そこで木 T を用い，$L_T^\dagger L_G x = L_T^\dagger b$ を解くことを考える．ここ で T は，T 自体が高速に求まり，$L_T^\dagger L_G$ の条件数が小さくなることが必要で あるが，実はそのような木として平均伸長度が低い木を用いることができる． この方針によるアルゴリズムについては Vishnoi による書籍が詳しい[132]．

　9.2 節で紹介したラプラス方程式の組合せ的な解法は [73] に基づく．現在で は任意の $\delta > 0$ に対して $O(m\sqrt{\log n} \log \log^{3+\delta} n \log(1/\epsilon))$ 時間でラプラス方 程式を解くアルゴリズムが知られている[41]．

　本章ではグラフのラプラシアンという特別な行列に対して線形連立方程式を 高速に解くアルゴリズムを紹介したが，高速に解ける行列のクラスを広げる試 みも行われており，例えばブロック対角優位行列[81]や有向グラフから作られる 非対称行列[39], [40]に対して，ほぼ線形時間で動作するアルゴリズムが知られて いる．

第 10 章
ハイパーグラフと有向グラフ

　これまで解説してきたスペクトルグラフ理論は，基本的に二点間を向きのない枝が結ぶ，無向グラフを扱うためのものであった．しかし実際の応用においては，一つの枝に多数の頂点が含まれるハイパーグラフや，枝に向きの付いている有向グラフを扱いたい場合も多い．ここで**ハイパーグラフ**とは頂点集合 V と**ハイパー枝**の集合の組であり，各ハイパー枝は V の空でない部分集合である．ハイパー枝はグラフの枝と異なりその中に含む頂点の数が 3 点以上であってもよい．

　例えば，商品の購買履歴からネットワークを作る場合は，商品を頂点とし，それぞれの客が同時に購入したすべての商品を含むハイパー枝を作るのが自然である．また，論文の共著関係からネットワークを作る場合も，著者を頂点とし，各論文についてその共著者全員を含むハイパー枝を作るとハイパーグラフが得られる．

　また，ウェブのハイパーリンクをネットワークとして表現しようとすると自然と枝に向きが付き，有向グラフが得られる．他にも捕食者・非捕食者関係など，ネットワークとして表現しようとすると向きを考えるのが自然な場合は多々ある．

　スペクトルグラフ理論をハイパーグラフや有向グラフに対しても適用できるようにするために，ネットワークから行列（ベクトルをベクトルに写す線形作用素）を構築するのではなく，非線形作用素を構築し，その性質を調べることで元のハイパーグラフや有向グラフの性質を調べる理論が整備されつつある．本章の目標はその理論について紹介することであるが，まだ発展途上の分野であり，その内容が大きく変化することも考えられる．よって，あまり証明の詳細に立ち入ることはせず，主だった結果や発想を述べることに重点を置くことにする．

10.1 チーガー不等式

チーガー不等式（定理 5.3.1）は，正規化ラプラシアンの固有値がコンダクタンスの良い近似であることを示す不等式であった．本節ではハイパーグラフと有向グラフのコンダクタンスが，最速混合問題（7 章）のように，枝に適切に重み付けを行うことで得られる「固有値」を用いて近似できることを見る．

10.1.1 ハイパーグラフ

ハイパーグラフに対するチーガー不等式を議論するために，まずハイパーグラフのコンダクタンスを定義する．ハイパーグラフ $G = (V, E)$ と頂点集合 $S, T \subseteq V$ に対して，$E(S, T)$ を S と T に跨る枝の集合

$$E(S, T) := \{e \in E : e \cap S \neq \emptyset \wedge e \cap T \neq \emptyset\}$$

とし，$e(S, T) := |E(S, T)|$ と定義する．頂点 $v \in V$ の**次数**を $d_v := |\{e \in E : v \in e\}|$ とし，頂点集合 $S \subseteq V$ の**容積**を，S 中の頂点の次数の和，すなわち

$$\mathrm{vol}(S) := \sum_{v \in S} d_v$$

と定義する．またグラフの**容積**を $\mathrm{vol}(G) := \mathrm{vol}(V)$ と定義する．

ハイパーグラフ $G = (V, E)$ のすべてのハイパー枝 $e \in E$ の大きさが r のとき，G を r **一様**と呼ぶ．r 一様なハイパーグラフの容積は，ハイパー枝の本数を m として，rm である．グラフは 2 一様なハイパーグラフであるので，容積は $2m$ である．

次に，S の**コンダクタンス**を

$$\phi(S) := \frac{e(S, V \setminus S)}{\min\{\mathrm{vol}(S), \mathrm{vol}(V \setminus S)\}}$$

と定義する．また G のコンダクタンスを $\phi(G) := \min_{\emptyset \subsetneq S \subsetneq V} \phi(S)$ と定義する．グラフのときと同様に，コンダクタンスが小さい集合は良いクラスタをなしているとみなせる．

次にハイパーグラフのチーガー不等式で用いるスペクトルギャップを以下に定義する．最速混合問題のときと同様に，この値は多項式時間で計算できる．

定義 10.1.1 ハイパーグラフ $G = (V, E)$ に対して，その**最適スペクトルギャップ**を

$$
\begin{aligned}
\lambda_2^*(G) := \max \quad & \lambda_2\left(D^{-1/2}\left(D_A - A\right)D^{-1/2}\right) \\
\text{subject to} \quad & \sum_{u,v \in e} c_{e, \{u,v\}} \leq 1 && \forall e \in E, \\
& A_{uv} = \sum_{e \in E} c_{e, \{u,v\}} && \forall u, v \in V, \\
& A_{uv} \geq 0 && \forall u, v \in V
\end{aligned}
$$

と定義する．ここで $D_A \in \mathbb{R}^{V \times V}$ は $(D_A)_{vv} = \sum_{u \in V} A_{uv} \ (v \in V)$ なる対角行列，$D \in \mathbb{R}^{V \times V}$ は G の次数行列，すなわち $D_{vv} = d_v \ (v \in V)$ なる対角行列である．制約より行列 A は必ず対称行列となる．

最適スペクトルギャップの計算においては，各ハイパー枝 $e \in E$ を e 上の完全グラフに置き換え，その各枝 $\{u, v\} \in \binom{e}{2}$ に重み $c_{e, \{u,v\}}$ を付与することで（ハイパーでない）グラフを作っているとみなせる．こうして作られたグラフの（重み付き）隣接行列が A であり，その正規化ラプラシアンの第二固有値を最大化して得られたのが $\lambda_2^*(G)$ である．（ハイパーでない）グラフのチーガー不等式を思い出すと，これはできるだけ良いクラスタが生じないように枝に重みを付与したときに生じてしまったクラスタの良さを測っていると言える．

ハイパーグラフ $G = (V, E)$ に対して最もコンダクタンスの小さい集合を $S \subseteq V$ とする．S のコンダクタンスの分子である $e(S, V \setminus S)$ は S と $V \setminus S$ 間に跨るハイパー枝であるが，この値を重み付きグラフで再現しようとすると，できるだけ S と $V \setminus S$ の間の枝に重みを付与する必要がある．このことからも，$\lambda_2^*(G)$ の計算では，良いクラスタができるだけ生じないように重みを付与しているとみなせる．

以下の不等式は，こうして得られた $\lambda_2^*(G)$ がハイパーグラフのコンダクタンスを特徴付けていることを示している．

定理 10.1.2（ハイパーグラフに対するチーガー不等式）　$G = (V, E)$ をハイパー枝の大きさが高々 r のハイパーグラフとする．このとき

$$\lambda_2^*(G) \lesssim \phi(G) \lesssim \sqrt{\lambda_2^*(G) \log r}$$

が成り立つ．

証明には 7 章で見た頂点膨張率に対するチーガー不等式と同様のアイデアを用いる．

ハイパーグラフに対するチーガー不等式は，ハイパーグラフの中のクラスタを見つけるのに便利な不等式であるが，注意点もある．（ハイパーでない）グラフがエキスパンダーのときは $\phi(G) = \Theta(1)$ であり，チーガー不等式により第二固有値も $\lambda_2 = \Theta(1)$ となる．またその逆も成り立つので，グラフがエキスパンダーであるかは第二固有値を見ることで確認することができた．それに対して，r 一様なハイパーグラフでは，容積が rm であるため，コンダクタンス $\phi(G)$ は高々 $1/r$ にしかならない．よって $\phi(G) = \Theta(1/r)$ のときにエキスパンダーと呼ぶのが自然である．しかしこの場合はチーガー不等式により $\lambda_2^*(G) \le 1/r$ であるので，$\lambda_2^*(G)$ と $\sqrt{\lambda_2^*(G)}$ の間には必ず $\sqrt{r}$ 倍の差があり，（r が大きいときに）チーガー不等式を用いてエキスパンダーかどうかを確認することはできない．

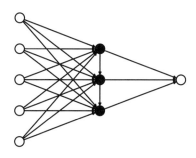

図 10.1　有向グラフのコンダクタンスの計算例．黒い頂点からなる集合のコンダクタンスは $\min\{3, 15\}/(7 + 8 + 7) = 3/22$ である．入る枝の本数は多いが出る枝の本数が少ないのでコンダクタンスは小さくなる．

10.1.2　有向グラフ

　有向グラフのクラスタリングも，ハイパーグラフと同様に，枝に重み付けを行って得られるラプラシアンの固有値を用いて特徴付けできる．まず最初に有向グラフのコンダクタンスを定義する．有向グラフ $G = (V, E)$ と頂点集合 $S, T \subseteq V$ に対して，$E(S, T)$ を S から T に向かう枝の集合，すなわち

$$E(S, T) := \{(u, v) \in E : u \in S, v \in T\}$$

とし，$e(S, T) := |E(S, T)|$ と定義する．また $S \subseteq V$ の**容積**を，S 中の頂点の（枝の方向を無視した）次数の和，すなわち

$$\mathrm{vol}(S) := \sum_{v \in S} (d_v^+ + d_v^-)$$

と定義する．次に，S の**コンダクタンス**を

$$\phi(S) := \frac{\min\{e(S, V \setminus S), e(S, V \setminus S)\}}{\min\{\mathrm{vol}(S), \mathrm{vol}(V \setminus S)\}}.$$

と定義する．また G のコンダクタンスを $\phi(G) := \min_{\emptyset \subsetneq S \subsetneq V} \phi(S)$ と定義する．

　S に入る枝もしくは出る枝の少なくとも一方が S の容積と比べて小さければ，S のコンダクタンスは小さくなる．言い換えると，S からどれほど枝が出ていようとも入る枝が少ないとき，もしくはその逆が成り立つとき，S のことを良いクラスタであるとみなしている（図 10.1）．

　有向グラフ $G = (V, E)$ が**強連結**であるとは，任意の二頂点 $u, v \in V$ に対して，u から v また，v から u への有向パスが存在することを言う．強連結性は推移的（u と v が強連結で，v と w が強連結なら，u と w も強連結）であるので，頂点集合 V は強連結性に関して極大な成分 $S_1, \ldots, S_k$ に分解することができる．これらの S_i を G の**強連結成分**と呼ぶ．さて，G が強連結でない場合は，$\emptyset \subsetneq S \subsetneq V$ なる強連結成分が存在する．このような S に対して，$\phi(S) = 0$ となる．よって有向グラフのコンダクタンスに対して意味のある議

論をするためには，グラフは強連結でなければならない．

次に有向グラフのチーガー不等式で用いるスペクトルギャップを以下に定義する．ハイパーグラフと同様に，この値も多項式時間で計算することができる．

定義 10.1.3 有向グラフ $G = (V, E)$ に対して，その**最適スペクトルギャップ**を

$$
\lambda_2^*(G) := \max \quad \lambda_2 \left(D^{-1/2} \left(D_A - \frac{A + A^\top}{2} \right) D^{-1/2} \right)
$$

$$
\text{subject to} \quad \sum_{v \in V} A_{uv} = \sum_{v \in V} A_{vu} \qquad \forall u \in V,
$$

$$
A_{uv} = 0 \qquad \forall (u, v) \notin E,
$$

$$
0 \le A_{uv} \le 1 \qquad \forall (u, v) \in E
$$

と定義する．ここで $D_A \in \mathbb{R}^{V \times V}$ は $(D_A)_{vv} = \sum_{u \in V} (A_{uv} + A_{vu})/2 \ (v \in V)$ なる対角行列，$D \in \mathbb{R}^{V \times V}$ は G の次数行列，すなわち $D_{vv} = d_v^+ + d_v^- \ (v \in V)$ である．

行列 A は G 上の枝に重みを付けて得られる有向グラフの（非対称）隣接行列とみなせる．一つ目の制約は，各頂点 $u \in V$ において，u に入る枝の重みと出る枝の重みが等しいことを意味している（このようなグラフは**オイラーグラフ**と呼ばれる）．有向グラフのコンダクタンスの定義では，入る枝の本数と出る枝の本数の小さいほうを用いていたが，オイラーグラフにすることで両者が一致し，枝の向きが無視できるようになっている．また正の枝重みを持つオイラーグラフにできない，すなわち強連結でない有向グラフは実行可能解を持たないが，そのような有向グラフのコンダクタンスは 0 であるので特に問題はない．

二つ目の制約は，枝のないところには重みは付与しないことを，三つ目の制約は重みは 0 から 1 の間であることを表している．$D_A - (A + A^\top)/2$ はこのようにして得られた重み付きグラフの向きを忘れ，無向化して得られるグラフのラプラシアンである．

目的関数は，得られたラプラシアンを $D^{-1/2}$ で正規化して得られる行列の第二固有値である．無向グラフの第二固有値はそのコンダクタンスの近似であるので，$\lambda_2^*(G)$ の計算では，枝に重みを付与して得られるオイラーグラフのコンダクタンスをできるだけ大きくしようとしている．

さて，こうして得られた最大重み付けスペクトルギャップから以下の不等式が得られる．

定理 10.1.4（有向グラフに対するチーガー不等式） 任意の有向グラフ $G = (V, E)$ に対して，

$$
\lambda_2^*(G) \lesssim \phi(G) \lesssim \sqrt{\lambda_2^*(G) \log \frac{1}{\lambda_2^*(G)}}
$$

が成り立つ.

無向グラフに対するチーガー不等式（定理 5.3.1）と比べると，右側の不等式に $\frac{1}{\lambda_2^*(G)}$ という係数が付いているが，この項が真に必要であるかは本書執筆時点では分かっていない.

10.2 ハイパーグラフの疎化

8章で，無向グラフはそのカットやラプラシアンの二次形式（もしくはエネルギー）の値を保存しながら，その枝の本数を頂点数に対して線形まで減らす疎化が行えることを見た．本節では，ハイパーグラフに対しても同様に疎化が定義でき，ハイパー枝の本数を頂点数の線形近くまで減らせることを紹介する．ハイパーグラフの性質を保ちながら，そのハイパー枝の本数を減らせれば，その後の処理の計算時間を大幅くに削減することができる．特に r 一様ハイパーグラフはハイパー枝の本数が $\binom{n}{r} \approx (n/r)^r$ になり得るので，r が大きいとき疎化の恩恵が大きい.

ϵ カット疎化の定義（8章参照）は，以下のように自然にハイパーグラフに拡張できる．まず，重み付きハイパーグラフ $G = (V, E, w)$ とは頂点集合 V，ハイパー枝 E，重み関数 $w : E \to \mathbb{R}$ の組である．枝に重みの付いたハイパーグラフ $G = (V, E, w)$ と枝集合 $F \subseteq E$ に対して，$w(F) := \sum_{e \in F} w(e)$ と定義する．ハイパーグラフのカット疎化を以下のように定義する.

定義 10.2.1（カット疎化） $\epsilon > 0$ に対して，重み付きハイパーグラフ $H = (V, E_H, w_H)$ が重み付きハイパーグラフ $G = (V, E_G, w_G)$ の ϵ カット疎化器であるとは，任意の $S \subseteq V$ に対して

$$(1 - \epsilon)w_G(E(S, V \setminus S)) \le w_H(E(S, V \setminus S)) \le (1 + \epsilon)w_G(E(S, V \setminus S))$$

が成り立つことを言う.

前述のようにハイパーグラフは指数本のハイパー枝を持ち得るため，多項式サイズに疎化できるかさえも非自明である．本書執筆段階で知られている最も小さいカット疎化器は以下のものである.

定理 10.2.2 任意のハイパーグラフ $G = (V, E)$ と $\epsilon > 0$ に対して，$O(\epsilon^{-2} n \log n)$ 本のハイパー枝を持つ G の ϵ カット疎化器が存在する.

逆に定数の ϵ に対して，ϵ カット疎化器は $\Omega(n/\log n)$ 本のハイパー枝が必要なことが分かっている.

スペクトル疎化もハイパーグラフに拡張することができる．重み付きハイパーグラフ $G = (V, E, w)$ に対して，そのエネルギー関数 $Q_G : \mathbb{R}^V \to \mathbb{R}$ を

$$Q_G(x) := \sum_{e \in E} w(e) \max_{u,v \in e} (x_u - x_v)^2$$

と定義する．これはグラフに対するエネルギーの自然な拡張になっている．また頂点集合 $S \subseteq V$ に対して，$Q_G(\mathbf{1}_S) = w(E(S, V \setminus S))$ となっており，カットの情報を持っていることが分かる．

定義 10.2.3（スペクトル疎化）　重み付きハイパーグラフ $H = (V, E_H, w_H)$ は，以下を満たすときハイパーグラフ $G = (V, E, w_G)$ の ϵ スペクトル疎化器であると言う．

$$(1 - \epsilon)Q_H(x) \leq Q_G(x) \leq (1 + \epsilon)Q_H(x) \quad (\forall x \in \mathbb{R}^V).$$

グラフの場合と同様に，ハイパーグラフの ϵ スペクトル疎化器は ϵ カット疎化器でもある．

現在知られている中で，最も枝の本数の少ないスペクトル疎化器は以下のものである．

定理 10.2.4　任意のハイパーグラフ $G = (V, E)$ と $\epsilon > 0$ に対して，$O(\epsilon^{-2} n \log^2 n)$ 本のハイパー枝を持つ G の ϵ スペクトル疎化器が存在する．

定理 10.2.4 で用いるアルゴリズムは，8.2 節で説明した有効抵抗に基づくサンプリングから着想を得ている．まず入力ハイパーグラフ $G = (V, E)$ に対して，各ハイパー枝 $e \in E$ を e 上の完全グラフに置き換え，得られる各枝 $\{u, v\} \in \binom{e}{2}$ に重み $c_{e, \{u, v\}}$ を適切に付与する．こうして得られる重み付き（多重）グラフを $\tilde{G} = (V, \tilde{E}, \tilde{w})$ と書くことにする．このアイデアは 10.1.1 節で紹介した $\lambda_2^*(G)$ の計算に似ている．ただしここでは $\tilde{G}$ の固有値を最大化するのではなく，各ハイパー枝に対して，そこから作られたすべての枝の有効抵抗が等しくなるように重みを選ぶ．具体的には，任意のハイパー枝 $e \in E$ に対して，ある値 r_e が存在し，任意の $u, v \in e$ に対して，$c_{e, \{u, v\}} > 0$ であれば，$r_{\tilde{G}}(u, v) = r_e$ であるようにする．ここで $r_{\tilde{G}}(u, v)$ は重み付きグラフ $\tilde{G}$ における u と v の間の有効抵抗を表す．このような重みの選び方が常に存在することは自明ではないが，実際に存在し多項式時間で計算できることが示せる．あとは各ハイパー枝を $e \in E$ を確率 r_e に比例する確率でサンプリングすることでスペクトル疎化器が得られる．

以上のように，ハイパーグラフに対しては良いスペクトル疎化器の存在が知られているが，有向グラフの（カット）疎化は $\Omega(n^2)$ 本の枝が必要，つまり全く疎化できない例が存在する．具体的には有向完全二部グラフ $G = (V = L \cup R, E = L \times R)$ を考えればよい．任意の有向枝 $(u, v) \in E$ に対して，頂点集合 $S = \{u\} \cup R \setminus \{v\}$ を考えると，S から出る唯一の有向枝が (u, v) である．このカットを保存するためには，有向枝 (u, v) はカット疎化器

に入れなければならない．これがすべての有向枝に対して成り立つので，グラフ G は全く（カット）疎化できない．

10.3　ラプラシアン

スペクトルグラフ理論ではラプラシアンが大きな役割を果たしていた．そこでハイパーグラフや有向グラフに対してもラプラシアンを定義できるか考えることは自然である．ラプラシアンの重要な性質にその二次形式がカットの情報を持っているというものがあるので，ハイパーグラフや有向グラフに対してもカットの情報が得られるようにラプラシアンを定義する．その結果，得られるラプラシアンは行列（＝線形作用素）ではなく非線形作用素となる．

10.3.1　ハイパーグラフ

ハイパーグラフ $G = (V, E)$ に対するラプラシアン L を，その「二次形式」がエネルギー Q_G に一致する，すなわち任意の $x \in \mathbb{R}^V$ に対して，

$$x^\top L(x) = Q_G(x) = \sum_{e \in E} \max_{u,v \in e} (x_u - x_v)^2$$

を満たすように定義したい．もしこれが成り立てば，任意の頂点集合 $S \subseteq V$ に対して，$\mathbf{1}_S^\top L(\mathbf{1}_S) = e(S, V \setminus S)$ が成り立ち，カットの情報も扱える．

このためにまずハイパー枝 $e \in E$ に対して**カット関数** $f_e : 2^V \to \{0, 1\}$ を

$$f_e(S) := \begin{cases} 1 & e \in E(S, V \setminus S) \text{ のとき,} \\ 0 & \text{その他のとき.} \end{cases}$$

と定義する．ベクトル $x \in \mathbb{R}^V$ と集合 $S \subseteq V$ に対して $x(S) = \sum_{v \in S} x_v$ と書くことにする．このとき f_e の**基多面体**[*1] は

$$
\begin{aligned}
B_e &:= \{x \in \mathbb{R}^V : x(S) \leq f_e(S) \, (\forall S \subseteq V) \wedge x(V) = f_e(V)\} \\
&= \left\{ x \in \mathbb{R}^V : \sum_{v \in e : x_v > 0} x_v \leq 1 \wedge x(V) = 0 \right\} \\
&= \mathrm{conv}\{\mathbf{1}_u - \mathbf{1}_v : u, v \in e\},
\end{aligned}
$$

と定義される．ここで $\mathbf{1}_v \in \{0, 1\}^V$ $(v \in V)$ は v の特性関数であり，$\mathrm{conv}\,S$ は集合 $S \subseteq \mathbb{R}^V$ の**凸包**，すなわち $\mathrm{conv}\,S = \{\lambda x + (1 - \lambda)y : x, y \in S, \lambda \in [0, 1]\}$ である．次に G のラプラシアン $L : \mathbb{R}^V \to 2^{\mathbb{R}^V}$ を

$$L(x) := \left\{ \sum_{e \in E} b_e b_e^\top x : b_e \in \operatorname*{argmax}_{b \in B_e} b^\top x \right\} \tag{10.1}$$

[*1]　基という用語はマトロイド理論に由来する．詳しくは [107] などを参照のこと．

と定義する．任意の集合 $S \subseteq V$ に対して，(10.1) の b_e を用いることで，$f_e(S) = b_e^\top \mathbf{1}_S$ と書けることが確認できる．ラプラシアン L は，V 次元のベクトルを受け取り V 次元のベクトルの集合を返す多価関数であるが，任意の $y \in L(x)$ に対して，

$$x^\top y = \sum_{e \in E} \max_{b \in B_e} (b^\top x)^2 = \sum_{e \in E} \max_{u,v \in e} (x_u - x_v)^2$$

であることが確認できる．これを単に $x^\top L(x)$ と書くことにする．

ハイパーグラフのラプラシアンは非線形であるが，頂点の順番 $v_1, v_2, \ldots, v_n$ を固定すると，領域 $\{x \in \mathbb{R}^V : x_{v_1} \geq x_{v_2} \geq \cdots \geq x_{v_n}\}$ においては線形関数として振る舞う．これはこの領域においてはベクトル $b_e \in B_e$ の選び方が変わらないからである．よってハイパーグラフのラプラシアンは非線形であるものの，比較的扱いやすい形をしていると言える．

カット関数 f_e は任意の $S, T \subseteq V$ に対して

$$f_e(S) + f_e(T) \geq f_e(S \cup T) + f_e(S \cap T)$$

を満たす．これを**劣モジュラ性**と呼ぶ．劣モジュラ性を満たす関数に対しては，f_e の**ロヴァース拡張**と呼ばれる関数 $\hat{f}_e : \mathbb{R}^V \to \mathbb{R}$ が凸関数となることが知られている．特にカット関数 f_e に対しては $\hat{f}_e(x) = \max_{u,v \in e} (x_u - x_v)^2$ であり，

$$x^\top L(x) = \sum_{e \in E} \hat{f}_e(x)^2$$

となる．

例 10.3.1 （ハイパーでない）グラフの場合は，枝 $e = \{u, v\}$ に対して，その基多面体は $B_e = \{\alpha(\mathbf{1}_u - \mathbf{1}_v) \mid \alpha \in [-1, 1]\}$ となる．よって式 (10.1) において $x_u \geq x_v$ ならば $b_e = \mathbf{1}_u - \mathbf{1}_v$，そうでなければ $b_e = \mathbf{1}_v - \mathbf{1}_u$ となる．どちらの場合でも $L(x) = \sum_{\{u,v\} \in E} (\mathbf{1}_v - \mathbf{1}_u)(\mathbf{1}_v - \mathbf{1}_u)^\top x = (D - A)x$ となり，普通のラプラシアンと一致する．

10.3.2 有向グラフ

次に有向グラフに対するラプラシアンを考える．有向グラフ $G = (V, E)$ に対して，そのラプラシアン L の「二次形式」を，任意の $x \in \mathbb{R}^V$ に対して

$$x^\top L(x) = \sum_{(u,v) \in E} (\max\{x_u - x_v, 0\})^2$$

を満たすように定義したい．もしこれが成り立てば，任意の頂点集合 $S \subseteq V$ に対して，$\mathbf{1}_S^\top L(\mathbf{1}_S) = e(S, V \setminus S)$ が成り立ち，カットの情報を扱えるようになる．実際，有向枝 $e = (u, v)$ に対して，

$$(\max\{(\mathbf{1}_S)_u - (\mathbf{1}_S)_v, 0\})^2$$

は $u \in S$ かつ $v \in V \setminus S$ のとき 1 となり，それ以外のとき 0 となるので，カットの大きさを正しく計算していることが分かる．

上記の性質を持つラプラシアンを定義するためにハイパーグラフと同様の方法を取る．有向枝 $e = (u, v) \in E$ に対して，$f_e : 2^V \to \{0, 1\}$ を以下に定義する e のカット関数とする．

$$f_e(S) := \begin{cases} 1 & u \in S \text{ かつ } v \in V \setminus S \text{ のとき}, \\ 0 & \text{その他のとき}. \end{cases}$$

すると f_e の基多面体は

$$
\begin{aligned}
B_e &:= \{x \in \mathbb{R}^V \mid x(S) \le f_e(S) \ (\forall S \subseteq V) \wedge x(V) = f_e(V)\} \\
&= \{x \in \mathbb{R}^V \mid x_u \le 1 \wedge x_v \le 0 \wedge x_u + x_v = 0\} \\
&= \operatorname{conv}\{\mathbf{1}_u - \mathbf{1}_v, \mathbf{0}\}
\end{aligned}
$$

となる．次に G のラプラシアン $L : \mathbb{R}^V \to 2^{\mathbb{R}^V}$ を式 (10.1) と同様に定義する．このとき，任意の $x \in \mathbb{R}^V$ と $y \in L(x)$ に対して，$x^\top y = \sum_{(u,v) \in E} (\max\{x_u - x_v, 0\})^2$ であることが確認できる．これを $x^\top L(x)$ と書くことにする．

10.3.3 固有値とチーガー不等式

スペクトルグラフ理論ではラプラシアンの固有値と固有ベクトルを用いて無向グラフの構造を調べている．この理論をハイパーグラフや有向グラフに拡張するために，ハイパーグラフや有向グラフのラプラシアン L に対しても固有値や固有ベクトルを定義することを考える．もし $\lambda \in \mathbb{R}$ と $v \in \mathbb{R}^V \setminus \{\mathbf{0}\}$ が

$$\lambda v \in L(v)$$

を満たすとする．このとき λ は L の**固有値**であると言い，v は λ に対応する**固有ベクトル**であると言う．普通のグラフの場合と同様にして，ベクトル $\mathbf{1} \in \mathbb{R}^V$ は固有値 0 に対応する固有ベクトルであることが確認できる．さらに，すべての固有値は非負である．実際，もし負の固有値 $\lambda < 0$ が存在し，対応する固有ベクトルを v とすると，$0 > \lambda v^\top v = v^\top L(v) \ge 0$ となり矛盾する．グラフのラプラシアンの場合と異なり，ハイパーグラフや有向グラフのラプラシアンは非線形作用素であるので，その固有値の個数は n を超える可能性がある．

例 10.3.2 図 10.2 は，有向グラフのラプラシアンの固有ベクトルを利用した埋め込みの例である．最小固有値に対応する固有ベクトルを計算するのは

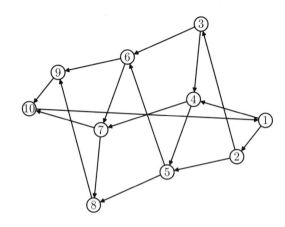

図 10.2　有向グラフのラプラシアンの固有ベクトルを利用した埋め込み. 右から左への「流れ」が見える.

NP 困難である. そこで, ベクトル $x \in \mathbb{R}^V$ を適当に初期化し, エネルギー $Q_G(x) = x^\top L(x)$ を小さくするように微小変化させ続けて得られた単位ベクトルを各頂点の x 座標に用いた. さらに, 同様の方法で x に直交する単位ベクトル $y \in \mathbb{R}^V$ を求め, それを各頂点の y 座標として用いた.

　図の埋め込みにおいて, 右から左に伸びる有向枝ではその（x 軸方向の）長さの二乗に比例したエネルギーが生じており, 左から右に向かう有向枝ではエネルギーが生じない. そのため, 右から左に向かう有向枝は短くなり, 左から右に向かう有向枝は長くなるように点が配置されている. この結果, 全体として右から左への流れが見える埋め込みとなっている.

　ハイパーグラフや有向グラフに対しても正規化ラプラシアンを定義することができ, その第二固有値はコンダクタンスとの間にはチーガー不等式（定理 5.3.1）と同様の関係があることが知られている. しかしハイパーグラフや有向グラフの場合は正規化ラプラシアンの第二固有値を多項式時間で計算することができず, 半正定値計画法などを用いて近似することになる. 固有値の近似も加味して得られるコンダクタンスの近似は 10.1 節で解説した最適スペクトルギャップを用いたコンダクタンスの近似とほぼ同じか若干悪いため, 本書執筆段階では最適スペクトルギャップを用いた手法（定理 10.1.2 と定理 10.1.4）のほうが優れている.

10.3.4　ラプラス方程式

　4 章や 9 章で見たように, ラプラス方程式 $Lx = b$ は様々な応用を持ち, グラフの場合にはほぼ線形時間の解法が知られている. よってハイパーグラフや有向グラフに対しても同様の方程式を考え, それが高速に解けるかを問うことは自然である. ハイパーグラフや有向グラフではラプラシアンは多価関数であ

るので，ラプラス方程式を解くとは，ベクトル $b \in \mathbb{R}^V$ が与えられたときに

$$L(x) \ni b$$

を満たす $x \in \mathbb{R}^V$ を求めることである．

　無向グラフの場合は，グラフを電気回路とみなし，頂点 $v \in V$ に流入する外部電流を b_v をとしたとき，頂点 v の電位が x_v であるとみなすことができた．同様の解釈がハイパーグラフや有向グラフでも成り立つ．具体的には，ハイパー枝 e は，e の中で電位が最大の頂点から電位が最小の頂点に向けて電流を流す 1 オームの抵抗を持つ素子であるとみなし，有向枝 (u,v) は，u の電位が v の電位が高いときに 1 オームの抵抗として振る舞い u から v に電流を流し，u の電位が v の電位より低いときには電流を全く流さないダイオードのような素子であるとみなせばよい．

　ラプラシアンが非線形となるためハイパーグラフや有向グラフに対するラプラス方程式を解くのは一見難しく見えるが，$x^\top L(x)$ が凸関数であるということに注意すると，

$$\frac{1}{2} x^\top L(x) - b^\top x$$

という凸関数を最小化する x は $L(x) \ni b$ を満たすことが分かる．この凸関数の最小化は勾配法などの連続最適化的な手法でも解くこともできるが，ハイパーグラフや有向グラフの場合はその特別な性質から，組合せ的なアルゴリズムを用いて多項式時間で解けることが分かっている．

出典および関連する話題

　本章で紹介したハイパーグラフと有向グラフに対するチーガー不等式は Lau, Tung, Wang[82] により得られた．彼らはさらにハイパーグラフや有向グラフに対する頂点膨張率を考え，対応するチーガー不等式も得ている．

　本章で紹介した以外にもスペクトルグラフ理論を有向グラフやハイパーグラフに拡張した試みは多くある．例えば [32] では，有向グラフのランダムウォークの定常分布を枝の重みに用いることで（重み付き）オイラーグラフを作成し，その固有値を考えることでチーガー不等式を得ている．ただしこのチーガー不等式で用いられるコンダクタンスは，カットの大きさをランダムウォークの定常分布を利用して重み付けすることで定義されたものであり，本章で使用したものとは異なる．またハイパーグラフを単体複体とみなし，その上のランダムウォークを考えることで得られる行列のスペクトルを議論する理論もある[64],[91]．ランダムウォークが高速に混合するとき，その単体複体は**高次元エキスパンダー**と呼ばれ，サンプリングや数え上げのアルゴリズムの解析に多く用いられている[7],[8],[91]．

ハイパーグラフのカット疎化は Newman, Rabinovich[102]にその原型を見ることができ，後にハイパーグラフの圧縮方法の一つとして導入された[76]．Chen, Khanna, Nagda によって，枝の本数が $O(\epsilon^{-2}n\log n)$ まで減らせることが示された[31]．また定数の ϵ に対して，ϵ カット疎化器は $\Omega(n/\log n)$ 本のハイパー枝が必要であることが分かっている[70]．

ハイパーグラフのスペクトル疎化は相馬と吉田が導入し，$O(\epsilon^{-2}n^3\log n)$ 本のハイパー枝を持つ ϵ スペクトル疎化器の存在を示した[120]．ハイパーグラフのエネルギーは半教師あり学習[62],[137]やリンク予測[138]などに用いられており，スペクトル疎化を用いることで，これらの問題を高速に解けるようになる．スペクトル疎化に関しては，多くの後続研究があり[14],[70],[71],[105]，本書執筆時点での最良のバウンドは $O(\epsilon^{-2}n\log n\log r)$ である[68],[83]．ここで r はハイパー枝の最大サイズである．

ハイパーグラフと有向グラフに対するラプラシアンは，それぞれ Chan, Louis, Tang, Zhang[27]と吉田[141]により与えられた．これらを統合する形で劣モジュラ変換（もしくは劣モジュラハイパーグラフ）と呼ばれる関数に対してもラプラシアンが提案されている[86],[142]．これらのラプラシアンを定義する際に利用した基多面体は劣モジュラ関数の性質を調べる際によく用いられる[53]．劣モジュラ関数は多項式時間で最小化できるなど良い性質を持った離散的な関数であり，多くの組合せ最適化問題を表現できるだけでなく，機械学習などの応用分野にも多くの応用を持つ[13]．

ラプラス方程式を解くアルゴリズムは藤井，相馬，吉田により与えられている[52]．ラプラス方程式を利用することで，6 章の章末で議論したページランクをハイパーグラフや有向グラフに対しても定義することができ，普通のグラフの場合と同様に，ハイパーグラフにおいてもページランクを利用することで良いクラスタを見つけることができる[128]．良いクラスタを見つける別の方法として，**熱方程式** $dx/dt = -L(x)$ という微分方程式を用いたものがある．熱方程式は元来は熱がどのように物質の上を伝搬していくかを表現した微分方程式であるが，グラフのラプラシアンを用いた熱方程式も考えることができる．直感的には良いクラスタがあるところには熱が溜まると思われるが，実際に熱方程式の解を利用することで，コンダクタンスの小さいカットを見つけられることが知られている[65]．

参考文献

[1] I. Abraham and O. Neiman. Using petal-decompositions to build a low stretch spanning tree. In *Proceedings of the 44th Annual ACM Symposium on Theory of Computing (STOC)*, pp. 395–406, 2012.

[2] D. J. Aldous. The random walk construction of uniform spanning trees and uniform labelled trees. *SIAM Journal on Discrete Mathematics*, **3**(4):450–465, 1990.

[3] D. Aldous and J. Fill. Reversible Markov chains and random walks on graphs. 2002.

[4] N. Alon. Eigenvalues and expanders. *Combinatorica*, **6**(2):83–96, 1986.

[5] N. Alon, R. M. Karp, D. Peleg, and D. West. A graph-theoretic game and its application to the k-server problem. *SIAM Journal on Computing*, **24**(1):78–100, 1995.

[6] N. Alon and V. D. Milman. λ_1, isoperimetric inequalities for graphs, and superconcentrators. *Journal of Combinatorial Theory, Series B*, **38**(1):73–88, 1985.

[7] N. Anari, S. O. Gharan, and C. Vinzant. Log-concave polynomials, entropy, and a deterministic approximation algorithm for counting bases of matroids. In *Proceedings of the IEEE 59th Annual Symposium on Foundations of Computer Science (FOCS)*, pp. 35–46, 2018.

[8] N. Anari, K. Liu, S. O. Gharan, and C. Vinzant. Log-concave polynomials II: High-dimensional walks and an FPRAS for counting bases of a matroid. In *Proceedings of the 51st Annual ACM SIGACT Symposium on Theory of Computing (STOC)*, pp. 1–12, 2019.

[9] R. Andersen, F. Chung, and K. Lang. Local graph partitioning using pagerank vectors. In *Proceedings of the 47th Annual IEEE Symposium on Foundations of Computer Science (FOCS)*, pp. 475–486, 2006.

[10] A. Andoni, R. Krauthgamer, and Y. Pogrow. On solving linear systems in sublinear time. *10th Innovations in Theoretical Computer Science (ITCS)*, 2019.

[11] A. Argyriou, M. Herbster, and M. Pontil. Combining graph Laplacians for semi–supervised learning. *Advances in Neural Information Processing Systems*, **18**, 2005.

[12] P. Austrin, T. Pitassi, and Y. Wu. Inapproximability of treewidth, one-shot pebbling, and related layout problems. In *International Workshop on Approximation Algorithms for Combinatorial Optimization*, pp. 13–24, 2012.

[13] F. Bach. Learning with submodular functions: A convex optimization perspective. *Foundations and Trends® in Machine Learning*, **6**(2-3):145–373, 2013.

[14] N. Bansal, O. Svensson, and L. Trevisan. New notions and constructions of sparsification for graphs and hypergraphs. In *Proceedings of the IEEE 60th Annual Symposium*

on Foundations of Computer Science (FOCS), pp. 910–928, 2019.

[15] J. D. Batson, D. A. Spielman, and N. Srivastava. Twice-ramanujan sparsifiers. In *Proceedings of the 41st Annual ACM Symposium on Theory of Computing (STOC)*, pp. 255–262, 2009.

[16] A. Bavelas. Communication patterns in task-oriented groups. *The Journal of the Acoustical Society of America*, **22**(6):725–730, 1950.

[17] A. A. Benczúr and D. R. Karger. Approximating s–t minimum cuts in $\tilde{O}(n^2)$ time. In *Proceedings of the 28th Annual ACM Symposium on Theory of Computing (STOC)*, pp. 47–55, 1996.

[18] N. Biggs. *Algebraic graph theory*. No. 67. Cambridge University Press, 1993.

[19] S. Boyd, P. Diaconis, and L. Xiao. Fastest mixing Markov chain on a graph. *SIAM Review*, **46**(4):667–689, 2004.

[20] U. Brandes. A faster algorithm for betweenness centrality. *Journal of Mathematical Sociology*, **25**(2):163–177, 2001.

[21] U. Brandes and D. Fleischer. Centrality measures based on current flow. In *Proceedings of the 22nd Annual Symposium on Theoretical Aspects of Computer Science (STACS)*, pp. 533–544, 2005.

[22] S. C. Brenner. *The mathematical theory of finite element methods*. Springer, 2008.

[23] S. Brin and L. Page. The anatomy of a large-scale hypertextual web search engine. *Computer Networks and ISDN Systems*, **30**(1-7):107–117, 1998.

[24] A. Z. Broder. Generating random spanning trees. In *Proceedings of the 30th Annual IEEE Symposium on Foundations of Computer Science (FOCS)*, Vol. 89, pp. 442–447, 1989.

[25] R. Burton and R. Pemantle. Local characteristics, entropy and limit theorems for spanning trees and domino tilings via transfer-impedances. *The Annals of Probability*, **21**(3):1329–1371, 1993.

[26] C. Carlson, A. Kolla, N. Srivastava, and L. Trevisan. Optimal lower bounds for sketching graph cuts. In *Proceedings of the 30th Annual ACM-SIAM Symposium on Discrete Algorithms (SODA)*, pp. 2565–2569, 2019.

[27] T.-H. H. Chan, A. Louis, Z. G. Tang, and C. Zhang. Spectral properties of hypergraph Laplacian and approximation algorithms. *Journal of the ACM*, **65**(3):1–48, 2018.

[28] A. K. Chandra, P. Raghavan, W. L. Ruzzo, and R. Smolensky. The electrical resistance of a graph captures its commute and cover times. In *Proceedings of the 21st Annual ACM Symposium on Theory of Computing (STOC)*, pp. 574–586, 1989.

[29] J. Cheeger. A lower bound for the smallest eigenvalue of the Laplacian. *Problems in Analysis*, pp. 195–199, 1970.

[30] C. Chekuri, J. Vondrák, and R. Zenklusen. Dependent randomized rounding via exchange properties of combinatorial structures. In *Proceedings of the IEEE 51st Annual*

Symposium on Foundations of Computer Science (FOCS), pp. 575–584, 2010.

[31] Y. Chen, S. Khanna, and A. Nagda. Near-linear size hypergraph cut sparsifiers. In *Proceedings of the IEEE 61st Annual Symposium on Foundations of Computer Science (FOCS)*, pp. 61–72, 2020.

[32] F. Chung. Laplacians and the Cheeger inequality for directed graphs. *Annals of Combinatorics*, **9**(1):1–19, 2005.

[33] F. Chung. Four proofs for the Cheeger inequality and graph partition algorithms. In *Proceedings of ICCM*, Vol. 2, p. 378, 2007.

[34] F. Chung. The heat kernel as the pagerank of a graph. *Proceedings of the National Academy of Sciences*, **104**(50):19735–19740, 2007.

[35] F. Chung. A local graph partitioning algorithm using heat kernel PageRank. *Internet Mathematics*, **6**(3):315–330, 2009.

[36] F. R. Chung. *Spectral graph theory*, Vol. 92. American Mathematical Soc., 1997.

[37] F. Chung and O. Simpson. Computing heat kernel pagerank and a local clustering algorithm. *European Journal of Combinatorics*, **68**:96–119, 2018.

[38] E. Cohen. All-distances sketches, revisited: Hip estimators for massive graphs analysis. In *Proceedings of the 33rd ACM SIGMOD-SIGACT-SIGART Symposium on Principles of Database Systems (PODS)*, pp. 88–99, 2014.

[39] M. B. Cohen, J. Kelner, R. Kyng, J. Peebles, R. Peng, A. B. Rao, and A. Sidford. Solving directed Laplacian systems in nearly-linear time through sparse LU factorizations. In *Proceedings of the IEEE 59th Annual Symposium on Foundations of Computer Science (FOCS)*, pp. 898–909, 2018.

[40] M. B. Cohen, J. Kelner, J. Peebles, R. Peng, A. B. Rao, A. Sidford, and A. Vladu. Almost-linear-time algorithms for Markov chains and new spectral primitives for directed graphs. In *Proceedings of the 49th Annual ACM SIGACT Symposium on Theory of Computing (STOC)*, pp. 410–419, 2017.

[41] M. B. Cohen, R. Kyng, G. L. Miller, J. W. Pachocki, R. Peng, A. B. Rao, and S. C. Xu. Solving SDD linear systems in nearly $m \log^{1/2} n$ time. In *Proceedings of the 46th Annual ACM Symposium on Theory of Computing (STOC)*, pp. 343–352, 2014.

[42] C. Cousins, C. Wohlgemuth, and M. Riondato. Bavarian: betweenness centrality approximation with variance-aware rademacher averages. *ACM Transactions on Knowledge Discovery from Data*, **17**(6):1–47, 2023.

[43] N. M. M. De Abreu. Old and new results on algebraic connectivity of graphs. *Linear Algebra and its Applications*, **423**(1):53–73, 2007.

[44] P. G. Doyle and J. L. Snell. *Random walks and electric networks*, Vol. 22. American Mathematical Soc., 1984.

[45] P. Drineas and M. W. Mahoney. RandNLA: randomized numerical linear algebra. *Communications of the ACM*, **59**(6):80–90, 2016.

[46] D. P. Dubhashi and A. Panconesi. *Concentration of measure for the analysis of randomized algorithms.* Cambridge University Press, 2009.

[47] D. Durfee, R. Kyng, J. Peebles, A. B. Rao, and S. Sachdeva. Sampling random spanning trees faster than matrix multiplication. In *Proceedings of the 49th Annual ACM SIGACT Symposium on Theory of Computing (STOC)*, pp. 730–742, 2017.

[48] W. Ellens, F. M. Spieksma, P. Van Mieghem, A. Jamakovic, and R. E. Kooij. Effective graph resistance. *Linear Algebra and its Applications*, **435**(10):2491–2506, 2011.

[49] M. Fiedler. Algebraic connectivity of graphs. *Czechoslovak Mathematical Journal*, **23**(2):298–305, 1973.

[50] L. C. Freeman. A set of measures of centrality based on betweenness. *Sociometry*, **40**(1):35, 1977.

[51] L. C. Freeman, S. P. Borgatti, and D. R. White. Centrality in valued graphs: A measure of betweenness based on network flow. *Social Networks*, **13**(2):141–154, 1991.

[52] K. Fujii, T. Soma, and Y. Yoshida. Polynomial-time algorithms for submodular Laplacian systems. *Theoretical Computer Science*, **892**:170–186, 2021.

[53] S. Fujishige. *Submodular functions and optimization.* Elsevier, 2005.

[54] W. S. Fung, R. Hariharan, N. J. Harvey, and D. Panigrahi. A general framework for graph sparsification. In *Proceedings of the 43rd Annual ACM Symposium on Theory of Computing (STOC)*, pp. 71–80, 2011.

[55] D. F. Gleich. Pagerank beyond the web. *SIAM Review*, **57**(3):321–363, 2015.

[56] C. Godsil and G. F. Royle. *Algebraic graph theory*, Vol. 207. Springer Science & Business Media, 2001.

[57] M. X. Goemans and D. P. Williamson. Improved approximation algorithms for maximum cut and satisfiability problems using semidefinite programming. *Journal of the ACM*, **42**(6):1115–1145, 1995.

[58] A. Guńoche. Random spanning tree. *Journal of Algorithms*, **4**(3):214–220, 1983.

[59] K. M. Hall. An r-dimensional quadratic placement algorithm. *Management science*, **17**(3):219–229, 1970.

[60] T. Hayashi, T. Akiba, and Y. Yoshida. Fully dynamic betweenness centrality maintenance on massive networks. *Proceedings of the VLDB Endowment*, **9**(2):48–59, 2015.

[61] T. Hayashi, T. Akiba, and Y. Yoshida. Efficient algorithms for spanning tree centrality. In *Proceedings of the 25th International Joint Conference on Artificial Intelligence (IJCAI)*, pp. 3733–3739, 2016.

[62] M. Hein, S. Setzer, L. Jost, and S. S. Rangapuram. The total variation on hypergraphs-learning on hypergraphs revisited. *Advances in Neural Information Processing Systems*, **26**, 2013.

[63] S. Hoory, N. Linial, and A. Wigderson. Expander graphs and their applications. *Bulletin of the American Mathematical Society*, **43**(4):439–561, 2006.

[64] D. Horak and J. Jost. Spectra of combinatorial Laplace operators on simplicial complexes. *Advances in Mathematics*, **244**:303–336, 2013.

[65] M. Ikeda, A. Miyauchi, Y. Takai, and Y. Yoshida. Finding Cheeger cuts in hypergraphs via heat equation. *Theoretical Computer Science*, **930**(21):1–23, 2022.

[66] W. Inariba, T. Akiba, and Y. Yoshida. Random-radius ball method for estimating closeness centrality. In *Proceedings of the AAAI Conference on Artificial Intelligence*, Vol. 31, 2017.

[67] V. Jain, H. T. Pham, and T.-D. Vuong. Dimension reduction for maximum matchings and the fastest mixing Markov chain. *Comptes Rendus Mathématique*, **361**:869–876, 2023.

[68] A. Jambulapati, Y. P. Liu, and A. Sidford. Chaining, group leverage score overestimates, and fast spectral hypergraph sparsification. In *Proceedings of the 55th Annual ACM Symposium on Theory of Computing (STOC)*, pp. 196–206, 2023.

[69] A. Jambulapati and A. Sidford. Efficient $\tilde{O}(n/\epsilon)$ spectral sketches for the Laplacian and its pseudoinverse. In *Proceedings of the 29th Annual ACM-SIAM Symposium on Discrete Algorithms (SODA)*, pp. 2487–2503, 2018.

[70] M. Kapralov, R. Krauthgamer, J. Tardos, and Y. Yoshida. Towards tight bounds for spectral sparsification of hypergraphs. In *Proceedings of the 53rd Annual ACM Symposium on Theory of Computing (STOC)*, pp. 598–611, 2021.

[71] M. Kapralov, R. Krauthgamer, J. Tardos, and Y. Yoshida. Spectral hypergraph sparsifiers of nearly linear size. In *Proceedings of the IEEE 62nd Annual Symposium on Foundations of Computer Science (FOCS)*, pp. 1159–1170, 2022.

[72] J. A. Kelner and A. Madry. Faster generation of random spanning trees. In *Proceedings of the 50th Annual IEEE Symposium on Foundations of Computer Science (FOCS)*, pp. 13–21, 2009.

[73] J. A. Kelner, L. Orecchia, A. Sidford, and Z. A. Zhu. A simple, combinatorial algorithm for solving SDD systems in nearly-linear time. In *Proceedings of the 45th Annual ACM Symposium on Theory of Computing (STOC)*, pp. 911–920, 2013.

[74] S. Khot. On the power of unique 2-prover 1-round games. In *Proceedings of the 34th Annual ACM symposium on Theory of Computing (STOC)*, pp. 767–775, 2002.

[75] D. J. Klein and M. Randić. Resistance distance. *Journal of Mathematical Chemistry*, **12**:1572–8897.

[76] D. Kogan and R. Krauthgamer. Sketching cuts in graphs and hypergraphs. In *Proceedings of the 2015 Conference on Innovations in Theoretical Computer Science (ITCS)*, pp. 367–376, 2015.

[77] Y. Koren. On spectral graph drawing. In *International Computing and Combinatorics Conference*, pp. 496–508, 2003.

[78] I. Koutis, G. L. Miller, and R. Peng. Approaching optimality for solving SDD linear

systems. *SIAM Journal on Computing*, **43**(1):337–354, 2014.

[79] T. C. Kwok, L. C. Lau, Y. T. Lee, S. Oveis Gharan, and L. Trevisan. Improved Cheeger's inequality: Analysis of spectral partitioning algorithms through higher order spectral gap. In *Proceedings of the 45th Annual ACM Symposium on Theory of Computing (STOC)*, pp. 11–20, 2013.

[80] T. C. Kwok, L. C. Lau, and K. C. Tung. Cheeger inequalities for vertex expansion and reweighted eigenvalues. In *Proceedings of the IEEE 63rd Annual Symposium on Foundations of Computer Science (FOCS)*, pp. 366–377, 2022.

[81] R. Kyng, Y. T. Lee, R. Peng, S. Sachdeva, and D. A. Spielman. Sparsified Cholesky and multigrid solvers for connection Laplacians. In *Proceedings of the 48th Annual ACM Symposium on Theory of Computing (STOC)*, pp. 842–850, 2016.

[82] L. C. Lau, K. C. Tung, and R. Wang. Cheeger inequalities for directed graphs and hypergraphs using reweighted eigenvalues. In *Proceedings of the 55th Annual ACM Symposium on Theory of Computing (STOC)*, pp. 1834–1847, 2023.

[83] J. R. Lee. Spectral hypergraph sparsification via chaining. In *Proceedings of the 55th Annual ACM Symposium on Theory of Computing (STOC)*, pp. 207–218, 2023.

[84] J. R. Lee, S. O. Gharan, and L. Trevisan. Multiway spectral partitioning and higher-order Cheeger inequalities. *Journal of the ACM*, **61**(6):1–30, 2014.

[85] Y. T. Lee and H. Sun. An SDP-based algorithm for linear-sized spectral sparsification. In *Proceedings of the 49th Annual ACM SIGACT Symposium on Theory of Computing (STOC)*, pp. 678–687, 2017.

[86] P. Li and O. Milenkovic. Submodular hypergraphs: p-Laplacians, Cheeger inequalities and spectral clustering. In *International Conference on Machine Learning (ICML)*, pp. 3014–3023, 2018.

[87] A. Louis, P. Raghavendra, P. Tetali, and S. Vempala. Many sparse cuts via higher eigenvalues. In *Proceedings of the 44th Annual ACM Symposium on Theory of Computing (STOC)*, pp. 1131–1140, 2012.

[88] A. Louis, P. Raghavendra, and S. Vempala. The complexity of approximating vertex expansion. In *Proceedings of the IEEE 54th Annual Symposium on Foundations of Computer Science (FOCS)*, pp. 360–369, 2013.

[89] L. Lovász and M. Simonovits. The mixing rate of Markov chains, an isoperimetric inequality, and computing the volume. In *Proceedings of the 31st Annual Symposium on Foundations of Computer Science (FOCS)*, pp. 346–354, 1990.

[90] L. Lovász and M. Simonovits. Random walks in a convex body and an improved volume algorithm. *Random Structures & Algorithms*, **4**(4):359–412, 1993.

[91] A. Lubotzky. High dimensional expanders. In *Proceedings of the International Congress of Mathematicians: Rio de Janeiro 2018*, pp. 705–730, 2018.

[92] J. MacQueen. Some methods for classification and analysis of multivariate observa-

tions. In *Proceedings of the 5th Berkeley Symposium on Mathematical Statistics and Probability*, Vol. 1, pp. 281–297, 1967.

[93] A. Madry, D. Straszak, and J. Tarnawski. Fast generation of random spanning trees and the effective resistance metric. In *Proceedings of the 26th Annual ACM-SIAM Symposium on Discrete Algorithms (SODA)*, pp. 2019–2036, 2014.

[94] M. W. Mahoney. Randomized algorithms for matrices and data. *Foundations and Trends® in Machine Learning*, **3**(2):123–224, 2011.

[95] P. Manurangsi. Inapproximability of maximum biclique problems, minimum k-cut and densest at-least-k-subgraph from the small set expansion hypothesis. *Algorithms*, **11**(1):10, 2018.

[96] A. W. Marcus, D. A. Spielman, and N. Srivastava. Interlacing families II: Mixed characteristic polynomials and the Kadison-Singer problem. *Annals of Mathematics*, **182**:327–350, 2015.

[97] P.-G. Martinsson and J. A. Tropp. Randomized numerical linear algebra: Foundations and algorithms. *Acta Numerica*, **29**:403–572, 2020.

[98] C. Mavroforakis, R. Garcia-Lebron, I. Koutis, and E. Terzi. Spanning edge centrality: Large-scale computation and applications. In *Proceedings of the 24th International Conference on World Wide Web (WWW)*, pp. 732–742, 2015.

[99] B. Mohar, Y. Alavi, G. Chartrand, and O. Oellermann. The Laplacian spectrum of graphs. *Graph Theory, Combinatorics, and Applications*, **2**(871-898):12, 1991.

[100] R. Motwani and P. Raghavan. *Randomized algorithms*. Cambridge University Press, 1995.

[101] C. S. J. Nash-Williams. Random walk and electric currents in networks. In *Mathematical Proceedings of the Cambridge Philosophical Society*, Vol. 55, pp. 181–194, 1959.

[102] I. Newman and Y. Rabinovich. On multiplicative λ-approximations and some geometric applications. *SIAM Journal on Computing*, **42**(3):855–883, 2013.

[103] M. E. Newman. A measure of betweenness centrality based on random walks. *Social Networks*, **27**(1):39–54, 2005.

[104] R. O'Donnell. *Analysis of Boolean functions*. Cambridge University Press, 2014.

[105] K. Oko, S. Sakaue, and S.-i. Tanigawa. Nearly tight spectral sparsification of directed hypergraphs. In *Proceedings of the 50th International Colloquium on Automata, Languages, and Programming (ICALP)*, 2023.

[106] S. Olesker-Taylor and L. Zanetti. Geometric bounds on the fastest mixing Markov chain. In *13th Innovations in Theoretical Computer Science Conference (ITCS)*, 2022.

[107] J. Oxley. Matroid theory. In *Handbook of the Tutte Polynomial and Related Topics*, pp. 44–85. Chapman and Hall/CRC, 2022.

[108] A. Panconesi and A. Srinivasan. Randomized distributed edge coloring via an extension of the Chernoff–Hoeffding bounds. *SIAM Journal on Computing*, **26**(2):350–368, 1997.

[109] P. Peng, D. Lopatta, Y. Yoshida, and G. Goranci. Local algorithms for estimating effective resistance. In *Proceedings of the 27th ACM SIGKDD Conference on Knowledge Discovery & Data Mining (KDD)*, pp. 1329–1338, 2021.

[110] X. Qi, E. Fuller, R. Luo, and C.-Q. Zhang. A novel centrality method for weighted networks based on the kirchhoff polynomial. *Pattern Recognition Letters*, **58**:51–60, 2015.

[111] P. Raghavendra. Optimal algorithms and inapproximability results for every CSP? In *Proceedings of the 40th Annual ACM Symposium on Theory of Computing (STOC)*, pp. 245–254, 2008.

[112] P. Raghavendra and D. Steurer. Graph expansion and the unique games conjecture. In *Proceedings of the 42nd ACM Symposium on Theory of Computing (STOC)*, pp. 755–764, 2010.

[113] P. Raghavendra, D. Steurer, and P. Tetali. Approximations for the isoperimetric and spectral profile of graphs and related parameters. In *Proceedings of the 42nd ACM Symposium on Theory of Computing (STOC)*, pp. 631–640, 2010.

[114] V. Reis and T. Rothvoss. Linear size sparsifier and the geometry of the operator norm ball. In *Proceedings of the 14th Annual ACM-SIAM Symposium on Discrete Algorithms (SODA)*, pp. 2337–2348, 2020.

[115] M. Riondato and E. M. Kornaropoulos. Fast approximation of betweenness centrality through sampling. In *Proceedings of the 7th ACM International Conference on Web Search and Data Mining (WSDM)*, pp. 413–422, 2014.

[116] S. Roch. Bounding fastest mixing. *Electronic Communications in Probability*, **10**:282–296, 2005.

[117] T. Saranurak and D. Wang. Expander decomposition and pruning: Faster, stronger, and simpler. In *Proceedings of the 30th Annual ACM-SIAM Symposium on Discrete Algorithms (SODA)*, pp. 2616–2635, 2019.

[118] A. Schild. An almost-linear time algorithm for uniform random spanning tree generation. In *Proceedings of the 50th Annual ACM SIGACT Symposium on Theory of Computing (STOC)*, pp. 214–227, 2018.

[119] J. Šíma and S. E. Schaeffer. On the NP-completeness of some graph cluster measures. In *International Conference on Current Trends in Theory and Practice of Computer Science*, pp. 530–537, 2006.

[120] T. Soma and Y. Yoshida. Spectral sparsification of hypergraphs. In *Proceedings of the 30th Annual ACM-SIAM Symposium on Discrete Algorithms (SODA)*, pp. 2570–2581, 2019.

[121] D. Spielman. Spectral graph theory. *Combinatorial Scientific Computing*, **18**:18, 2012.

[122] D. A. Spielman. Spectral graph theory and its applications. In *Proceedings of the 48th Annual IEEE Symposium on Foundations of Computer Science (FOCS)*, pp. 29–38, 2007.

[123] D. A. Spielman and N. Srivastava. Graph sparsification by effective resistances. In *Proceedings of the 40th Annual ACM Symposium on Theory of Computing (STOC)*, pp. 563–568, 2008.

[124] D. A. Spielman and S.-H. Teng. Nearly-linear time algorithms for graph partitioning, graph sparsification, and solving linear systems. In *Proceedings of the 36th Annual ACM Symposium on Theory of Computing (STOC)*, pp. 81–90, 2004.

[125] D. A. Spielman and S.-H. Teng. Spectral sparsification of graphs. *SIAM Journal on Computing*, **40**(4):981–1025, 2011.

[126] D. A. Spielman and S.-H. Teng. A local clustering algorithm for massive graphs and its application to nearly linear time graph partitioning. *SIAM Journal on Computing*, **42**(1):1–26, 2013.

[127] K. Stephenson and M. Zelen. Rethinking centrality: Methods and examples. *Social Networks*, **11**(1):1–37, 1989.

[128] Y. Takai, A. Miyauchi, M. Ikeda, and Y. Yoshida. Hypergraph clustering based on pagerank. In *Proceedings of the 26th ACM SIGKDD International Conference on Knowledge Discovery & Data Mining*, pp. 1970–1978, 2020.

[129] A. S. Teixeira, P. T. Monteiro, J. A. Carriço, M. Ramirez, and A. P. Francisco. Spanning edge betweenness. In *Workshop on Mining and Learning with Graphs*, Vol. 24, pp. 27–31, 2013.

[130] L. Trevisan. Max cut and the smallest eigenvalue. In *Proceedings of the 41st Annual ACM Symposium on Theory of Computing (STOC)*, pp. 263–272, 2009.

[131] J. A. Tropp. An introduction to matrix concentration inequalities. *Foundations and Trends® in Machine Learning*, **8**(1-2):1–230, 2015.

[132] N. K. Vishnoi. $Lx = b$. *Foundations and Trends® in Theoretical Computer Science*, **8**(1–2):1–141, 2013.

[133] U. von Luxburg. A tutorial on spectral clustering. *Statistics and Computing*, **17**(4):395–416, 2007.

[134] D. P. Williamson and D. B. Shmoys. *The design of approximation algorithms*. Cambridge University Press, 2011.

[135] D. B. Wilson. Generating random spanning trees more quickly than the cover time. In *Proceedings of the 28th Annual ACM Symposium on Theory of Computing (STOC)*, pp. 296–303, 1996.

[136] D. P. Woodruff. Sketching as a tool for numerical linear algebra. *Foundations and Trends® in Theoretical Computer Science*, **10**(1–2):1–157, 2014.

[137] N. Yadati, M. Nimishakavi, P. Yadav, V. Nitin, A. Louis, and P. Talukdar. HyperGCN: A new method for training graph convolutional networks on hypergraphs. *Advances in Neural Information Processing Systems (NeurIPS)*, 32, 2019.

[138] N. Yadati, V. Nitin, M. Nimishakavi, P. Yadav, A. Louis, and P. Talukdar. NHP: Neural

hypergraph link prediction. In *Proceedings of the 29th ACM International Conference on Information & Knowledge Management (CIKM)*, pp. 1705–1714, 2020.

[139] S. Yan, D. Xu, B. Zhang, H.-J. Zhang, Q. Yang, and S. Lin. Graph embedding and extensions: A general framework for dimensionality reduction. *IEEE Transactions on Pattern Analysis and Machine Intelligence*, **29**(1):40–51, 2006.

[140] Y. Yoshida. Almost linear-time algorithms for adaptive betweenness centrality using hypergraph sketches. In *Proceedings of the 20th ACM SIGKDD International Conference on Knowledge Discovery and Data Mining (KDD)*, pp. 1416–1425, 2014.

[141] Y. Yoshida. Nonlinear Laplacian for digraphs and its applications to network analysis. In *Proceedings of the 9th ACM International Conference on Web Search and Data Mining (WSDM)*, pp. 483–492, 2016.

[142] Y. Yoshida. Cheeger inequalities for submodular transformations. In *Proceedings of the 30th Annual ACM-SIAM Symposium on Discrete Algorithms (SODA)*, pp. 2582–2601, 2019.

[143] 高崎金久. 線形代数とネットワーク. 日本評論社, 2017.

[144] 服藤憲司. グラフ理論による回路解析. 森北出版, 2014.

[145] 山本哲朗. 行列解析の基礎, SGC ライブラリ, 第 79 巻. サイエンス社, 2010 (電子版：2019).

[146] 山本哲朗. 行列解析ノート, SGC ライブラリ, 第 97 巻. サイエンス社, 2013 (電子版：2021).

[147] 浦川肇. スペクトル幾何, 共立講座 数学の輝き, 第 3 巻. 共立出版, 2015.

索　引

著 者 略 歴

吉田 悠一
よし だ ゆういち

2012 年	京都大学大学院情報学研究科通信情報システム専攻修了 博士（情報学）
同 年	国立情報学研究所特任助教
2015 年	同准教授
2022 年	同教授
専門	理論計算機科学及びデータマイニングの基礎理論
著書	Property Testing: Problems and Techniques （Springer Singapore, 2022, Arnab Bhattacharyya 氏 との共著）

SGC ライブラリ-190

スペクトルグラフ理論

線形代数からの理解を目指して

2024 年 3 月 25 日 ©   初 版 発 行

著 者 吉田 悠一   発行者 森 平 敏 孝
                                印刷者 山 岡 影 光

発行所   株式会社 サイエンス社

〒151-0051 東京都渋谷区千駄ヶ谷 1 丁目 3 番 25 号
営業 ☎ (03) 5474–8500 （代）   振替 00170–7–2387
編集 ☎ (03) 5474–8600 （代）
FAX ☎ (03) 5474–8900   表紙デザイン：長谷部貴志

印刷・製本 二美印刷 (株)

《検印省略》

サイエンス社のホームページのご案内
https://www.saiensu.co.jp
ご意見・ご要望は
sk@saiensu.co.jp まで.

SGC ライブラリ-178 : for Senior & Graduate Courses

空間グラフの
トポロジー

Conway–Gordon の定理をめぐって

新國 亮 著

定価 2530 円

Conway–Gordon の定理を嚆矢とする空間グラフの内在的性質の研究は，トポロジー，物理，化学，実験科学などを巻き込んで多くの分流を生み，1つの体系を成しつつある．本書では，空間グラフの内在的性質を巡る研究について，古典的な結果から始めて比較的最近の結果まで含めて概説し，その発展と拡がりを紹介していく．

サイエンス社

深層学習と統計神経力学

甘利　俊一　著

定価 2420 円

驚くほどの速さで発展を続ける AI の中核技術である超多層の深層学習．その原理は未だよく理解されているとは言い難い．本書は，深層学習がうまく働く仕組みを統計神経力学の手法を用いて理論的に明らかにしたいと考えた著者の試みと成果を伝える．「数理科学」誌に連載された論説に，深層学習の仕組みと歴史をまとめた序章をはじめ，新たな章を加え一冊にまとめた待望の書．

サイエンス社

SGC ライブラリ- 187 : for Senior & Graduate Courses

線形代数を基礎とする
応用数理入門

最適化理論・システム制御理論を中心に

佐藤　一宏　著

定価 3080 円

線形代数や最適化理論の基礎知識は，近年盛んに研究されている機械学習においても不可欠である．本書では，線形代数の理論，およびその応用として，最適化理論，システム制御理論の基礎的な部分を解説する．

サイエンス社

SGC ライブラリ- 163：for Senior & Graduate Courses

例題形式で探求する集合・位相

連続写像の織りなすトポロジーの世界

丹下　基生　著

定価 2530 円

集合・位相は，微積分，線形代数とならび，現代数学の土台となっている．本書では，集合・位相について，多くの例題を交えて解説．解説に際しては，証明における論理の道筋を一つ一つ丁寧に埋めること，およびあまた存在する位相的性質の間の関係性に注意した．「数理科学」の連載「例題形式で探求する集合・位相—基礎から一般トポロジーまで」（2017 年 11 月～2020 年 7 月）の待望の一冊化．

サイエンス社

SGC ライブラリ- 172 : for Senior & Graduate Courses

曲面上のグラフ理論

中本敦浩・小関健太　共著

定価 2640 円

昨今の情報化社会の発展により，その理論的基礎を支える離散数学やグラフ理論は数学の中でしっかりとその地位を確立したといってよい．本書では，離散数学やグラフ理論の中でも，曲面上のグラフの理論，すなわち「位相幾何学的グラフ理論」を，数多くの演習問題とともに解説している．

サイエンス社